積雪観測
ガイドブック

社団法人
日本雪氷学会
＊
編集

朝倉書店

口絵1 地上気象観測 (第1章参照)

口絵2 雪尺と積雪板による降積雪の定時観測 (第2章参照)

口絵3 融雪量の観測（3.2節参照）．雪面上方に糸を水平に張り，スケールで糸（矢印）と雪面の距離を測定する．

口絵4 豪雪地での積雪断面観測（第4章参照）

口絵5 積雪の密度測定（4.5節参照）

口絵 6 化学分析のための積雪試料採取（第 5 章参照）

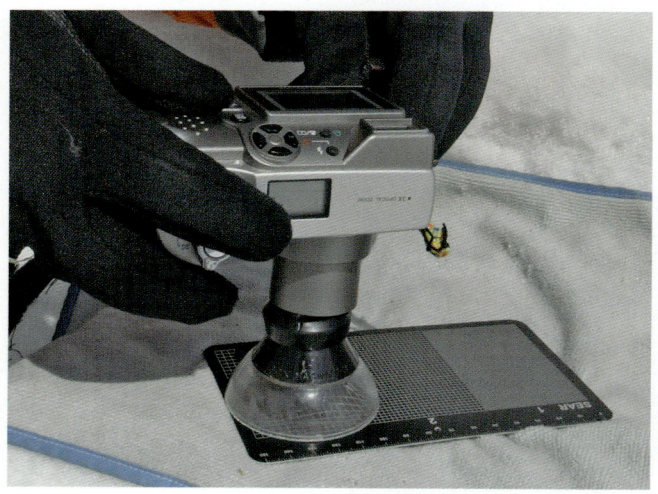

口絵 7 ルーペとデジタルカメラによる雪粒子の撮影（第 6 章参照）

口絵 8 神室型スノーサンプラーによる積雪水量の測定（第7章参照）

口絵 9 簡易サンプラーによる積雪水量の測定（7.3節参照）
上：積雪採取，下：秤量．

口絵 10 弱層のシアーフレームテスト（8.3.6項参照）

まえがき

　月面の氷，火星の氷冠，木星の氷衛星など，地球外の「氷」が探査される時代になったが，地球上の雪や氷の詳細な状況は，フィールドワークによらなければわからない．また，近年，地球温暖化の影響を評価する上で，積雪調査の重要性が増している．暖地での冬季の降水が，雪として降るか雨として降るか，山岳域の積雪は増えるのか減るのか，雪崩などの雪氷災害への影響はどうか，観測や調査を通じて，その回答を出してゆく必要がある．

　これまで，積雪観測に関する手引書として，『雪氷調査法』（日本雪氷学会北海道支部編，1991，北海道大学図書刊行会），「雪氷観測」（日本雪氷学会監修『雪と氷の事典』第 17 章，2005，朝倉書店）などを出版してきた．しかし，フィールドでの使用が想定されていないサイズや厚さであったり，記述の内容が古くなっていたりで，こうした課題を解決した新たなガイドブックが求められていた．また，積雪観測の講習会を開催しても，適当な「教科書」がなく不便をしていた．

　このため，本学会は，2008 年，『積雪観測ガイドブック』の出版を決め，編集委員会（委員長：横山宏太郎氏，後に阿部修氏）を設置した．編集委員会は，フィールドでの使用を想定し，利用しやすい大きさ，観測法に特化した内容とする他，雪質の国際分類（UNESCO, 2009）など最新の情報の採用，誰でも入手可能とする市販化などの方針のもと，出版を企画した．執筆者は，それぞれ第一線で活躍する研究者で，その豊富な経験を生かし，図表や写真を多用してわかりやすく執筆している．

　本ガイドブックが，積雪を観測する現場で活用され，降積雪現

象にかかわる現象の理解や問題解決に役に立つことを期待したい．なお，使い勝手，内容などに関するご意見は，今後の改訂に重要なので，是非ともご指摘いただきたい．

　最後に，本書の企画を進めた積雪観測ガイドブック編集委員会の委員長と委員各位，さらに，原稿の執筆をしていただいた執筆者各位に感謝申し上げます．また，出版を引き受けて下さった朝倉書店編集部に，厚く御礼申し上げます．

2010 年 2 月

　　　　　　　　　　　　　　　　　社団法人　日本雪氷学会
　　　　　　　　　　　　　　　　　　会長　藤　井　理　行

編集委員会

横山宏太郎	中央農業総合研究センター（前期委員長）
阿部　　修	防災科学技術研究所（後期委員長）
佐藤篤司	防災科学技術研究所
西村浩一	名古屋大学
的場澄人	北海道大学
尾関俊浩	北海道教育大学
上石　　勲	防災科学技術研究所
矢吹裕伯	海洋研究開発機構

執　筆　者

尾関俊浩	北海道教育大学（第1～3章，付表）
竹内由香里	森林総合研究所（4.1, 4.2, 4.6, 4.7節，付表）
山口　　悟	防災科学技術研究所（4.3～4.5節）
的場澄人	北海道大学（第5章）
池田慎二	特定非営利活動法人日本雪崩ネットワーク（第6・8章）
兒玉裕二	北海道大学（第7章）
佐藤篤司	防災科学技術研究所（付録Ⅰ）
西村浩一	名古屋大学（付録Ⅱ）
阿部　　修	防災科学技術研究所（付録Ⅲ）

目　　次

第1章　地上気象観測 ································· *1*
　1.1　はじめに ··· *1*
　1.2　観測露場 ··· *1*
　1.3　気温, 湿度 ··· *2*
　　1.3.1　観測方法　*2*／1.3.2　測器　*3*
　1.4　風向, 風速 ··· *4*
　　1.4.1　観測方法　*4*／1.4.2　測器　*5*／1.4.3　目測観測　*7*
　1.5　日射, 反射 ··· *7*
　　1.5.1　観測方法　*7*／1.5.2　測器　*7*
　1.6　降水量 ··· *8*
　　1.6.1　観測方法　*8*／1.6.2　測器　*9*／1.6.3　捕捉率　*9*
　1.7　大気現象と雲量 ···································· *12*
　　1.7.1　観測目的　*12*／1.7.2　雲量　*12*／1.7.3　大気現象と天気　*12*

第2章　降積雪の観測 ································ *15*
　2.1　はじめに ·· *15*
　2.2　積雪深 ·· *15*
　　2.2.1　雪尺　*15*／2.2.2　積雪深計　*15*／2.2.3　積雪水量　*16*
　2.3　降雪深 ·· *18*
　　2.3.1　積雪板　*18*／2.3.2　降雪の密度と降水量　*20*／2.3.3　積雪深計を用いた測定方法　*20*

第3章　融雪量の観測 ································ *23*
　3.1　はじめに ·· *23*
　3.2　雪面低下法 ·· *24*
　　3.2.1　観測方法　*24*／3.2.2　表層の密度　*24*／3.2.3　注意点　*25*
　3.3　融雪パン法 ·· *25*

3.3.1　融雪パン　*25*／3.3.2　蒸発パン　*28*

第4章　積雪断面観測 ··· *31*
4.1　はじめに ··· *31*
4.2　準　備 ··· *31*
　4.2.1　積雪断面の作成　*31*／4.2.2　観測機器および測定の準備　*33*／4.2.3　観測データの整理　*34*
4.3　雪　温 ··· *34*
4.4　層構造, 雪質, 粒度（粒径） ·································· *36*
4.5　密　度 ··· *39*
4.6　含水率 ··· *41*
　4.6.1　秋田谷式含水率計の測定手順　*43*／4.6.2　遠藤式含水率計の測定手順　*44*／4.6.3　デノース式含水率計の測定手順　*45*／4.6.4　含水状態の定性測定（目視観測）　*47*
4.7　硬　度 ··· *47*
　4.7.1　ラム硬度の測定手順　*49*／4.7.2　木下式硬度計の測定手順　*51*／4.7.3　プッシュゲージによる測定方法　*52*／4.7.4　硬さの定性測定　*53*

第5章　化学分析のための積雪試料採取 ··················· *55*
5.1　はじめに ··· *55*
5.2　試料採取器具の洗浄 ·· *56*
5.3　試料採取容器, 保存容器の準備と洗浄 ························ *56*
5.4　観測断面の作り方 ··· *57*
5.5　採取方法 ··· *58*
5.6　試料の融解と保存 ··· *59*

第6章　雪粒子の観察と撮影 ································· *61*
6.1　はじめに ··· *61*
6.2　必要な器具 ·· *61*
6.3　雪粒子の観察 ·· *61*
　6.3.1　形状の観察　*62*／6.3.2　大きさの観察　*63*

6.4 雪粒子の撮影 ………………………………………………………………… 63
　6.4.1 基本的な撮影方法 63／6.4.2 より厳しい条件下における
　撮影 64／6.4.3 撮影例 64

第7章　広域積雪調査（スノーサーベイ） ………………………… 71
7.1 はじめに ………………………………………………………………… 71
7.2 積雪深 …………………………………………………………………… 72
7.3 積雪水量 ………………………………………………………………… 72
7.4 スノーサーベイの方法 ………………………………………………… 73
　7.4.1 準備 73／7.4.2 測定点での行動 74

第8章　雪崩斜面における積雪安定性評価と弱層テスト ………… 79
8.1 はじめに ………………………………………………………………… 79
8.2 積雪安定性評価 ………………………………………………………… 79
　8.2.1 積雪安定性評価における着目点 79／8.2.2 雪崩の発生パ
　ターンとデータ収集 80／8.2.3 積雪安定性評価の手順 81
8.3 弱層テスト ……………………………………………………………… 82
　8.3.1 弱層テストを実施する場所 82／8.3.2 弱層テストの方法
　とそれぞれの特徴 83／8.3.3 ハンドテスト 83／8.3.4 ショベ
　ルコンプレッションテスト 84／8.3.5 ルッチブロックテスト 88
　／8.3.6 シアーフレームテスト 92

付　　　録 ………………………………………………………………… 97
　Ⅰ．雪の結晶分類 97／Ⅱ．雪質分類 100／Ⅲ．雪崩分類 106

付　　　表 ………………………………………………………………… 117
積雪観測用具取扱店リスト ……………………………………………… 127
文　　　献 ………………………………………………………………… 128
索　　　引 ………………………………………………………………… 133

［口絵撮影者］1〜4, 9：阿部　修，5：竹内由香里，6：的場澄人，
　　　　　　　7, 10：池田慎二，8：兒玉裕二．

1 地上気象観測

1.1 * はじめに

積雪の定点観測を行う場合には,合わせて地上気象観測を行うことが望ましい.積雪はその層が積もったときの結晶形の違い,風の強弱,気温などの影響で初期の粒径や密度が異なっており,さらに堆積した後の温度,温度勾配,上載荷重,融雪水や降雨の流入などの影響を受けて絶えず変化している.また吹雪による削剥と再堆積で不整合面ができることもしばしばである.したがって地上気象はその冬の積雪の成り立ちに大きく影響する.本章では一般的な地上気象観測項目における,冬期間の観測の注意点を述べる.なお,より詳しい地上気象の観測手法は地上気象観測指針(気象庁,2002)を参照するとよい.

1.2 * 観測露場

気象観測を効率よくかつ適正に行うには,十分な空間を取った風通しのよい屋外の平坦地に気象測器を配置する.このような観測場所を露場という.無積雪期間には露場の地面に芝を張るなどの工夫をするが,積雪期間には埋没することから,専用の露場でなくても積雪前に平地の背の高い草などを刈れば使用できる.露場の積雪を踏み荒らすと観測に影響があるので必要最小限にとどめるとともに,不要な進入がないように観測露場の周囲を風通しのよい柵で囲むなどの工夫をするとよい.また,第2～4章で述べる他の観測露場と干渉しないようにする.

主な観測項目は,気温,湿度,風向,風速,日射,反射,降水量および大気現象と雲量である.なお,積雪深と降雪深は第2章で取り上げる.また,目的に応じて気圧,日照,放射収支,長波放射,直達日射などの測定項目を増やしたり,高さごとの測定点数を増やしたりして測定する.風向,風速,日照,日射など周辺の建物の影響を受ける測定項目は影響

を避けるため測器を屋上に設置してもよい．測器用の配線は，コンクリートのトラフや導管などケーブルを保護するものを利用して観測室内へ導く．

1.3 * 気温，湿度

1.3.1 観測方法

気温と湿度は地表面上 1.25〜2.0 m の高さで測定することが国際的に定められており，日本では地上 1.5 m での測定を基準としている．一方，後にふれる熱収支の観測では 0.1 m，1.0 m，4 m および 10 m など異なる高さで同時に測定する．いずれの場合も積雪期には雪面からの高さを維持する．観測期間中は雪面の高さが絶えず変化するので，感部の高さを毎日調整する必要がある．

測定感部が日射や反射，放射の影響を受けず，風通しをよくするように，温湿度計は通風装置に設置する．図 1.1 は温湿度計を収めた通風筒

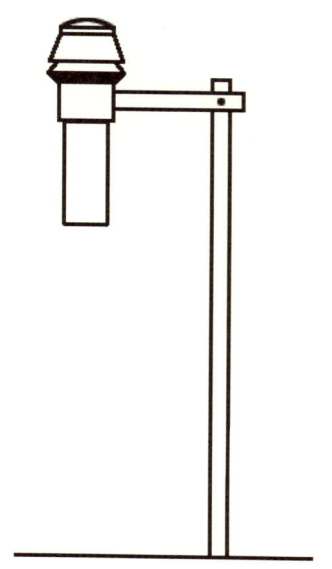

図 1.1　通風筒に収めた温湿度計の模式図

である．通風筒とは上部に通風ファンを備えた二重管で，内管に設置した温度計，湿度計に外気が流れ込むようになっている．外管は日射による温度の上昇を抑えるために銀色または白色に塗り，内部は雪面からの反射光が入りにくいように暗い色を用いる．

気温は℃（摂氏）で表し，その 1/10 の位まで値を示す．湿度は相対湿度を用いて表すことが多い．相対湿度とは水蒸気圧（大気中の水蒸気の分圧）と，そのときの気温における飽和水蒸気圧との比であり，％（百分率）で表す．

1.3.2 測　器

気温の測定には白金測温抵抗体を用いた電気式温度計（白金抵抗型）を用いることが多い．また感部にサーミスタ温度計を用いたものも一般的に使われる．細かな場所の測定や時定数を小さくする場合には，感部を小さくできる熱電対温度計（T 型）がよく用いられる．移動観測では，積雪断面観測用の温度計（サーミスタ温度計など）で気温の簡易測定を行う．雪面から 1.5 m の高さで示度が安定したところで読み取る．日射の影響がないように注意する．観測者の体で日陰をつくって計測してもよい．

湿度の測定には感部に高分子フィルムのコンデンサを用いた電気式湿度計（静電容量型）を用いることが多い．移動観測などの場合には携帯用通風乾湿計（アスマン通風乾湿計）がよく用いられる．これは乾球と湿球の 2 本のガラス製二重管水銀温度計と，その各球部を通風するためのファンと通風管から構成される．気温は乾球温度から求め，湿度は湿球で気化（昇華）が起きて乾球と温度差ができることから蒸気圧を計算して求める．ファンの動力は乾電池式の小型モーターかゼンマイ式で，球部の通風速度は $2.5\,\mathrm{m\,s^{-1}}$ 以上にする．測定は湿球を湿らせたのちファンの通風を開始し，5～10 分通風させて示度が安定したところで読み取る．気温がマイナスの場合は，湿球が氷の膜に包まれてから測定する必要があるため示度が安定するまでに時間を要する．同じ温度でも湿球が氷結しているか氷結していないかで，水蒸気圧の算出式が異なるので注意する．乾球と湿球の示度に器差補正を行った値をそれぞれ t ℃，t' ℃として以下に相対湿度の計算手順を記す．

地上気象常用表（気象庁，1973：巻末の**付表 1.1**）から湿球温度 t' ℃

における飽和水蒸気圧 E' を求める．湿球が氷結している場合は**付表1.2**を使用する．気圧の観測値 P と乾球と湿球の温度差 $(t-t')$ より水蒸気圧 e を次のスプルングの式から算出する．

$$e = E' - \frac{A}{755} P(t-t'). \tag{1.1}$$

ここで P, e の単位を hPa で表記するとき，A は湿球が氷結しない場合は 0.50，氷結した場合は 0.44 を用いる．次に気温 t ℃に対する水の飽和水蒸気圧 E を地上気象常用表（付表1.1）から求め，$e/E \times 100$ より相対湿度（%）を算出する．付表1.1 および 1.2 を与える実験式は，地上気象観測法（気象庁，2002）を参照いただきたい．0 ℃からあまり離れていないおよそ $-10 \sim +10$ ℃の範囲であれば，次式（1.2）（1.3）から飽和水蒸気圧を求めても大きな差はない（前野，黒田，1986）．

水の飽和水蒸気圧

$$E = 2.341 \times 10^{11} \exp\left(-\frac{5399}{T}\right) \approx 610 \times 10^{0.0314t} \quad (\text{Pa}) \tag{1.2}$$

氷の飽和水蒸気圧

$$E = 3.438 \times 10^{12} \exp\left(-\frac{6132}{T}\right) \approx 610 \times 10^{0.0357t} \quad (\text{Pa}) \tag{1.3}$$

ここで，T(K) は絶対温度である．右端の式は $T = 273.15 + t$(℃) と置いてテイラー展開した近似式である．

現地の気圧が標準大気圧から大きくずれていない場合には，通風乾湿計用湿度表（気象庁，1973；**付表1.3**）を用いて簡便に相対湿度を求めてもよい．

1.4＊風向，風速

1.4.1 観測方法

風向は風の吹いてくる方向を示す．真北を基準として全周を時計回りに 16 分割し，16 方位で表すのが一般的である．測器の設置にあたっては，真北と磁北にはズレがあり，日本では北に行くほど西偏するので，観測地の偏角を調べて真北を補正する必要がある．風速は単位時間に大気が移動する距離（風程）を示す．風速の単位は ms^{-1} で表し，その 1/

10の位まで値を示す．風向，風速ともに絶えず変化しているので，瞬間値と平均値について観測する．地上気象観測では観測時前10分間の平均値がその時刻の値として用いられる．

風の測器は平らな開けた場所を選んで，地上10 mの高さに設置することを標準とする．独立した塔または支柱を立てて設置するのが理想であるが，建物の屋上に測風塔を設けて測器を設置するなど観測場所の条件に合わせて標準に近づけるようにする．測風塔は建物の干渉を防ぐため屋根から2 m以上の高さにする．

風速は地上から離れるにつれて大きくなり，鉛直分布は一般に次の対数法則式で表される．

$$U = U_1 \left(\ln \frac{z}{z_0} \right) \bigg/ \left(\ln \frac{z_1}{z_0} \right) \tag{1.4}$$

ここで U, U_1 は地上高 z, z_1 の風速，z_0 は地表面粗度である．したがって観測高度を変えて風速を測定し，熱収支や吹雪量の計測などに用いる場合がある．

1.4.2 測器

風速計，風向計には，風車型風向風速計，超音波風向風速計，矢羽根型風向計，風杯型風速計，熱型風速計などがある．図1.2aは風車型風向風速計である．測定部は流線型胴体，垂直尾翼とプロペラで構成され，垂直尾翼の働きでプロペラ部が風上を向くように設計されている．プロペラの単位時間当たりの回転数が風速にほぼ比例しており，発電式や光パルス式などいくつかの方法により計測される．長期観測に適する．

超音波風向風速計は風により超音波の伝搬速度が変化することを利用して風向・風速を求めるもので，応答が速く細かな風速変動が測定できる．また測器によっては3方向の風速成分や温度を計測できることから，顕熱伝達量（第3章「融雪量の観測」参照）の直接計測に用いられる．

矢羽根型風向計（図1.2b）は矢羽根の回転角度から風向を求めるもので，風杯型風速計と組み合わせて風向風速を測定する．雪面から高度を変えて風速を測定するには風杯型風速計（図1.2c）を用いることが多い．風杯の回転数または回転速度から風速を求める．測定には，電接式，光電式，電磁式，発電式などがある．微気象観測には，風の変化への追随性がよいことから風杯にプラスチックを使った電接式または光電式の三

1.4 風向、風速

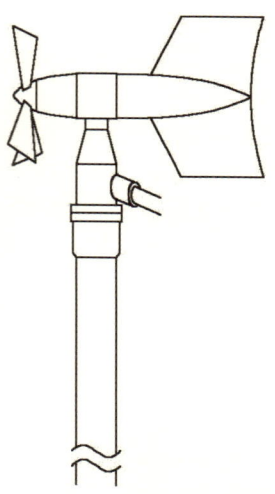

図 1.2 (a) 風車型風向風速計

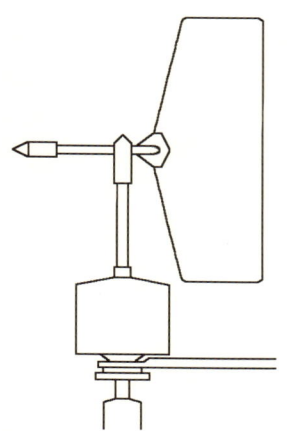

図 1.2 (b) 矢羽根型風向計

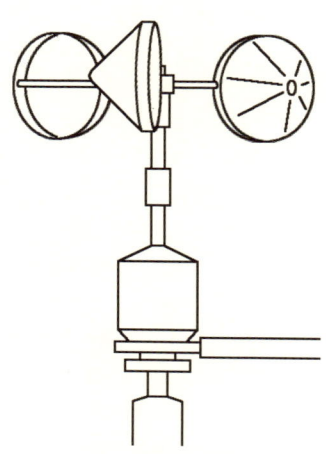

図 1.2 (c) 風杯型風速計

杯風速計が用いられる．観測期間中は雪面の高さが絶えず変化するので，風速計の高さを調整する必要がある．また，着雪，着氷によって測定性能が落ちないようメンテナンスに心がける．

1.4.3 目測観測

移動観測のときにはハンディータイプの風速計を用いる．風速計がないときは目測による観測を行う．観測の目安として**付表 1.4** の風力階級表を利用する．付表 1.4 中の風力階級の相当風速とは，開けた平らな地面から 10 m の高さにおける相当風速のことである．

1.5＊日射，反射

1.5.1 観測方法

波長 $0.29 \sim 3.0 \ \mu m$ の太陽放射を短波放射または日射という．日射エネルギーは積雪表層のエネルギー収支に大きな影響を持つことから，重要な観測要素である．日射（下向き短波放射）と反射（上向き短波放射）の比をアルベド（反射率）という．新雪のアルベドは 0.9 以上になることもあり，アルベドには積雪表層の光学的特徴が現れる．日射量（フラックス）の単位は kWm^{-2} で表す．一方，積算日射量の単位には MJm^{-2} が用いられる．

地上で観測される日射は，直達日射と散乱日射からなる．日射は大気中を通過する際に空気分子やエアロゾル，雲粒などによって部分的に吸収，散乱，反射される．このうち，大気中で散乱，反射されることなく直接地上に到達する日射を直達日射という．一方，直達日射と散乱日射および雲による反射光を合わせて，天空の全方向から地上に到達する日射を全天日射という．全天日射量の測定には全天日射計を，直達日射の測定には直達日射計を用いる．

1.5.2 測器

ここでは長期観測に用いる電気式全天日射計（**図 1.3**）を取り上げる．電気式全天日射計は，感部，変換器，記録器から構成されている．日射感部は方式によっていくつか種類がある．受光面は風雨や塵埃などから保護しかつ日射を透過する半円状のガラスドームで保護されている．その他に光電素子（フォトダイオード）を用いたものがある．これは機種

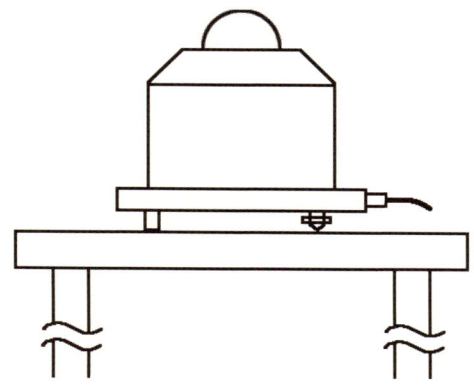

図1.3 電気式全天日射計の模式図

によって波長の感度特性がある．

　いずれの測器の場合も，感部が水平になるように固定し，コネクターを北側に向けて設置する．また，感部に近くの事物の影や反射光が入らないような場所に設置する．風向風速計などのポールが近くにある場合には，日射計をポールの南側に配置すると直達日射がポールに遮られなくなる．反射を測定する場合には，測定する雪面を極力乱さないように注意する．

　冬期観測では降雪がセンサーに積もる場合があるので，常に払い落とし正常な測定ができるように努める．日射計には防塵，防霜，防雪用に強制通風する機種もあり，着雪，着氷に対して一定の効果がある．

1.6＊降水量

1.6.1　観測方法

　降水量の単位は mm で表す．降水量計は積雪に埋没することのないように，設置場所の最大積雪深よりも高いところに設置する．また，ヒーターを使用する降水量計は電源が必要である．1.6.3項で述べる捕捉率により真の降水量を求める場合は，風速も同時に測定する必要がある．

1.6.2 測器

降水量は転倒ます式雨量計を用いて計測される．日本で一般に使われている転倒ます式雨量計 RT-1（**図 1.4a**）は，内径 20 cm の受水口を持つ受水器の中に，ろ水器，転倒ます，パルス発生器を装備した雨量計で，降水量が 0.5 mm に達すると転倒ますが転倒しパルスが発生する仕組みになっている．降雪の水当量（降水量）を観測するには雪粒を融かして計測するため，温水式 RT-3（**図 1.4b**）または溢水（いっすい）式 RT-4（**図 1.4c**）の転倒ます式雨量計を用いる．降雪時に風があると降雪が受水口に入らない場合があるので，捕捉率を上げるために風除け（助炭（じょたん）：図 1.4 (c) の外側の円筒）を付ける．なお，寒冷期ではなく降雨を対象とするのであれば，最近では外国製の安価な雨量計も入手できる．また，簡易雨量計を製作して設置することも可能である（牛山，2000）．

転倒ます式雨量計では観測の最小単位は 0.5 mm であること，温水式や溢水式の雨量計では蒸発による誤差が生じること，さらに次に述べる降雪の捕捉率によっても誤差が生じることなどから，積雪板から求めた降水量と転倒ます式雨量計で求めた降水量との間に差が生じることがあるので，観測値の取り扱いには注意が必要である．

1.6.3 捕捉率

捕捉率は真の降水量に対する測定降水量の比で表される．いずれの降水量計も，固体降水の場合は捕捉損失のため真の降水量よりも少なく計測される．世界気象機関（WMO）では二重柵基準降水量計（以下 DFIR）を標準器として用い真の降水量を推定する方法を推奨している（横山ら，2003）．**図 1.5** は DFIR の写真である．DFIR の中央に設置する降水量計には通常はトレチャコフ式降水量計（**図 1.6**）が用いられる．横山ら（2003）は DFIR と RT-1，RT-3，RT-4 の計測値を比較し，受水口の高さにおける風速 U' (ms^{-1}) から捕捉率 CR を推定する式

$$CR = \frac{1}{1+mU'} \tag{1.5}$$

における係数 m を各機種について**表 1.1** のように提案している．

1.6 降水量

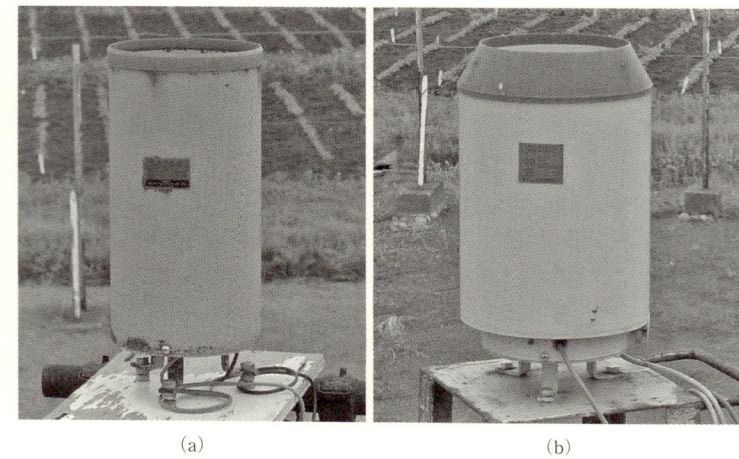

図 1.4 降水量計の外観（撮影：横山宏太郎）
(a)：転倒ます式（RT-1），(b)：温水式（RT-3），(c)：溢水式（RT-4）．通常，RT-4 には図のように風除けを付けて用いる．口径はどれも同じく直径 20 cm である．

図 1.5 二重柵基準降水量計 (DFIR)（撮影：横山宏太郎）

図 1.6 トレチャコフ式降水量計（撮影：横山宏太郎）

表 1.1 風速から捕捉率を求める式 (1.5) の m の値

降水形態	降 水 量 計		
	RT-1	RT-3	RT-4
雪	0.213	0.346	0.128
雨	0.0454	0.0856	0.0192

1.7 * 大気現象と雲量

1.7.1 観測目的

積雪の観測を行う場合には,合わせて天気を記録することが望ましい.ここでいう天気とは,大気現象と視程,雲量に着目した大気の総合的な状態である.雲は日射を遮るだけでなく,地表からの熱を吸収し,雲自身も放射しているので,雲の有無は雪面の熱収支と密接な関係がある.また大気現象も積雪表層に大きく影響する.本節では雲と大気現象の詳細な観測方法は他に譲り,積雪観測に合わせて行う雲量と簡単な大気水象の記載方法について述べる.より詳しい観測手法は地上気象観測指針(気象庁,2002) を参照するとよい.

雲と大気現象の観測は観測者が目測で行う.積雪断面観測に先だって行うことが基本となる.

1.7.2 雲 量

雲量とは雲に覆われた部分の全天空に対する見かけ上の割合である.雲量は0から10までの整数で表す.ただし雲量10であっても,雲がない部分がある場合は10−とする.また,雲量0は,まったく雲がない場合であるが,もし雲量が1に満たない場合は0+と表す.濃霧のため空がまったく見えない場合は,これを雲と同様に見なし雲量を10とする.

雲量には全雲量と雲形別の雲量がある.全雲量とはすべての雲によって覆われている部分の全天空に対する割合である.一方,雲形別の雲量とはある雲形の雲だけで占める部分の天空に対する割合である.

1.7.3 大気現象と天気

大気現象は大気水象,大気じん象,大気光象および大気電気象に大別される.大気水象は,水滴または氷粒が大気中を落下したり,浮遊した

り，地表から風によって吹き上げられたり，あるいは地面または地物に付着している現象である．雨，雪，雪あられの降水現象全般や地ふぶきなどがこれに当たる．

　大気じん象は，水滴または氷粒をほとんど含まない主として固体の粒が，大気中に浮遊していたり，地面から風によって吹き上げられたりしている現象である．煙霧や砂じんあらしなどがこれに当たる．

　大気光象は，太陽または月の光の反射，屈折，回折，干渉によって生じる光学現象である．日がさや虹などがこれに当たる．

　大気電気象は，大気中の電気現象のうち，目視または聴音により観測される現象である．雷電，雷光，雷鳴がこれに当たる．

　積雪観測では一般での利用例にならい，次の条件を満たす簡単な表現の天気を**表1.2**から1つ選び，記号を用いて記録することが多い．各天気の定義解説は**付表1.5**に記す．

① 該当する現象があるときは，その現象によって天気を選び，それがない場合は，主として雲量によって天気を選ぶ．
② 該当する天気が同時にいくつも選べる場合は，表の下の方のものを選ぶ．
③ 観測時の全雲量が1以下の場合を快晴，2以上8以下を晴とし，9以上の場合は，見かけ上の最多雲量が巻雲，巻積雲，巻層雲およびこれらの組み合わせによる場合を薄曇，その他の雲による場合を曇

表1.2　天気の記号

天　気	記号	霧	≡
快　晴	○	霧　雨	●
晴	◐	雨	●
薄　曇	◍	みぞれ（霙）	✳
曇	◎	雪	✳
煙　霧	∞	あられ（霰）	△
砂じんあらし	↭	ひょう（雹）	▲
高い地ふぶき	⊥	雷	⍑

とする.

④ 煙霧,ちり煙霧,黄砂,煙,降灰などの現象によって,視程が1km未満あるいは,これらの現象により,全雲量を10とした場合は,天気を煙霧とする.

⑤ 砂じんあらし,地ふぶきは視程1km未満の場合だけとる.

⑥ 霧は,低い霧,氷霧を含むが,地霧は含まない.

⑦ みぞれは,霧雨と雪が同時に降る場合も含む.

⑧ 雪は,霧氷も含む.

⑨ あられは,雪あられ,氷あられ,凍雨を含む.

⑩ 雷は,観測時間前10分以内に,雷電あるいは雷鳴のある場合とし,電光のみの場合はとらない.

2 降積雪の観測

2.1 * はじめに

降積雪の観測は積雪観測の中でも最も基本的なものである．ある時間に降り積もった雪の深さを降雪深，ある時点での地上に積もった雪の深さを積雪深と呼ぶ．観測露場は第1章「地上気象観測」の露場に準ずる．

2.2 * 積雪深

2.2.1 雪尺

雪尺（ゆきじゃく）とは積雪深を測定するために目盛りを付けた白い柱である（**図2.1**）．下部を観測露場の地中に埋めて鉛直に設置する．標準の雪尺は7.5 cm角で目盛りが3 m，地中にある部分が1 mであるが，観測値に差がなければ別の仕様でもよい（気象庁，2002）．雪尺の長さは観測地の最深積雪などを参考にして決める．

積雪深は定められた観測時刻に観測する．測定はcmの1の位まで読み取る．中間の場合は四捨五入する．読み取りは雪尺の周りの雪を乱さないように離れた位置からなるべく目を雪面に近づけて行う．目盛りが見にくいときは双眼鏡などを使うとよい．雪尺は風上に雪がたまったり，雪尺の周辺だけが融雪で窪んだりすることがあるので，周囲の雪面を代表する深さを読むようにする．

2.2.2 積雪深計

積雪深の長期観測には積雪深計（積雪計）が用いられる．積雪深計は方式によっていくつか種類がある．主な方式は超音波式積雪計（**図2.2**）とレーザー式積雪計（**図2.3**）である．両積雪計とも観測用ポールに固定された送受波部から発射する超音波またはレーザー光が雪面で反射して送受波部に到達するまでの時間または位相差を計測し，その計測値より感部から雪面までの距離を求める．この距離から積雪深を算出する．

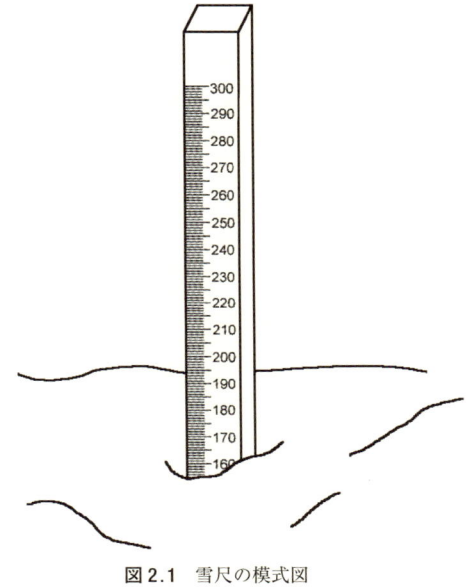

図 2.1 雪尺の模式図
白色が標準である.

超音波式は音波の伝搬速度が外気温に依存するため,音速補正が行われる.レーザー式は支柱の影響を避けるため,支柱と約 30°の傾きで感部を設置するとともに,露場反射面に反射板を置く.積雪の深さは cm の 1 の位まで求める.市販の積雪深計は分解能が cm の 1/10 の位までのものが多いが,精度は ±1 cm 程度である.

積雪深計は観測露場内に,雪面に凹凸ができない場所を選定して設置する.もし露場など理想的な条件が得られない場合は,吹きだまりや除雪などの影響が少ない場所を選定する.超音波式を取り付ける腕木は,基本的に冬季の主風向に対し直角となるようにする.計測期間は測定箇所の積雪が乱されないように注意する.

2.2.3 積雪水量

積雪水量とは,積雪を融かして水にしたときの水深または単位面積上の積雪の質量である.積雪水当量ともいう(日本雪氷学会, 1990).単位は mm または $kg m^{-2}$ が用いられる.

図 2.2 超音波式積雪計と雪尺の設置風景（撮影：阿部　修）
　金属柱に取り付けられているのは，温湿度計用の通風筒．

図 2.3 レーザー式積雪計（撮影：上石　勲）

図 2.4 メタルウェファーによる積雪重量計（撮影：横山宏太郎）

積雪水量の長期観測には積雪重量計を用いる．積雪重量計は現在ではメタルウェファー（ステンレス薄板製の扁平容器）の圧力変化を計測するもの（図 2.4）が一般的であるが，宇宙線中性子の積雪中の吸収量を測定するもの，ガンマ線を利用するものもある（木村，1984）．

積雪重量計は降雪前に地面に設置する．メタルウェファー内には不凍液が充填されており，上載積雪荷重による容器内の圧力変化を圧力計を通して電圧出力し，記録する．

スノーサンプラーを用いた積雪水量の観測方法は第 7 章で述べる．

2.3＊降雪深

2.3.1 積雪板
(1) 観測方法

積雪板とは平らな板の中央に板の面に垂直な柱を立てたもので，降雪深の計測に用いる．雪板（ゆきいた）ともいう．図 2.5 に積雪板の模式図を示す．標準の積雪板は 1 辺の長さが 50 cm の角板に 6 cm 角，長さ 50 cm ほどの木柱を立てたもので，全体を白く塗装し，柱には目盛りを

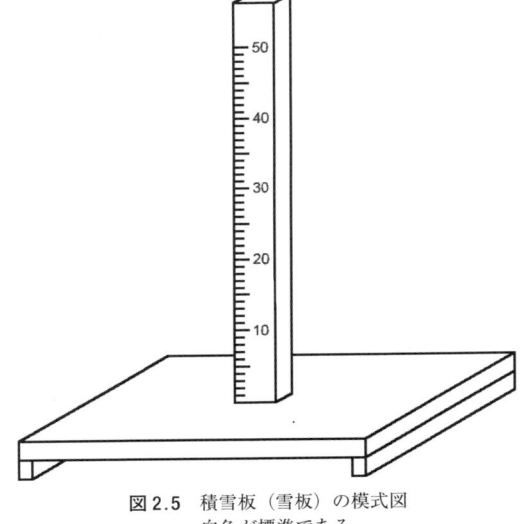

図 2.5 積雪板（雪板）の模式図
白色が標準である．

付ける（気象庁，2002）．観測値に差がなければ別の仕様でもよい．周辺の降雪環境を反映する場所を選定し，雪面に設置する．

降雪深は定められた観測時刻に観測し，cm の 1 の位まで求める．降雪がない場合は「－」とする．読み取り後，積雪板上の雪を払いのけ，周囲の雪面と板の上面を合わせるように水平に設置する．積雪がない場合は地面に置く．

自然の雪面や地面には新しい雪が積もった場合でも積雪板上では風で雪が飛ばされたり雪が融けたりして積もらない場合がある．前の観測後に降雪があったが板上に雪がない場合は降雪の深さを 0 cm とし，降雪がない場合の「－」と区別する．板中央の柱は風上に雪がたまったり，柱の周辺だけが融雪で窪んだりすることがあるので，周囲の雪面を代表する深さを読むようにする．また，板上に不均一に降雪が積もった場合には，普通の物差しを複数箇所で板面まで鉛直に立てて測り，代表値を求めてもよい．

新雪は積もった直後から徐々に沈降する．このため，観測の間隔を狭めて観測した降雪深の累積と観測の間隔を開けて観測した降雪深の累積

では間隔を狭めたほうが値が大きくなることに注意する．

2.3.2 降雪の密度と降水量

積雪板上に堆積した降雪の質量を測定することで，降雪の密度を求めることができる．降雪深を測定したら，雪べら（第4章参照）を用いて積雪板の縁に沿って直方体状に降雪を切り，板上の雪を袋などに集めて質量を計測する．積雪板の面積と降雪の深さから求めた体積で，この質量を割ることにより降雪の密度（kgm^{-3}）を求める．また，積雪板の面積で降雪の質量を割ることにより（水の密度で割ると）降水量（mm）が求まる．

2.3.3 積雪深計を用いた測定方法

(1) 観測方法

積雪深計（超音波式積雪計またはレーザー式積雪計）を用いた降雪深の計測方法である．降雪深の正時値（毎時0分の値）は，積雪深計により観測されたその時刻の積雪深の正時値と1時間前の正時値の差とし，cmの1の位まで求める．ただし，積雪深の正時値の差が0または負の値となる場合は「－」とする．当該時刻または1時間前の積雪深に欠測があった場合の降雪深は欠測とする．

日降雪深を求める場合は，24時間内の降雪深の正時値を合計して求める．ただし「－」は除く．期間内の降雪深の正時値がすべて「－」の場合は，その期間の降雪深は「－」とする．期間内の降雪深の正時値に欠測がある場合，その期間の降雪深は欠測とする．

(2) 積雪板との比較

気象庁は2005年10月に降雪深の観測方法を従来の積雪板（雪板）を用いた方法から，積雪深計を用いた方法へと変更した．この新旧2つの方法で計測された日降雪深を比較したところ，観測地点によっては計測値に差が生じることが指摘されている（金田，遠藤，2008）．旧方式は積雪板を用いて1日3回（9時，15時，21時）降雪深を計測し合計する．日降雪深として合計されるのは前日の21時から当日の21時である．一方，新方式は積雪深計を用いて毎正時の積雪深差を合計する．日降雪深として合計されるのは前日の24時から当日の24時である．

降雪は積もった直後から沈降しはじめる．さらに上載積雪によって圧密が進む．したがって，観測間隔の狭い計測による累積降雪深のほうが，

観測間隔の広い計測による累積降雪深よりも値が大きくなる傾向にある．新旧2方式では毎正時に降雪深を計測する新方式のほうが観測間隔は狭い．一方，沈降の影響は積雪深についてもいえる．降雪のない状態では積雪深は沈降で徐々に減少する．新方式では積雪深の正時値の差が0または負の値となる場合は累積されない．

　積雪深計の測定誤差は±1 cm くらいであるので，降雪がない場合でも＋側の測定誤差が累積されてしまう可能性がある．したがって日界の違い，観測間隔の違い，測定誤差の影響により新旧方式による累積降雪量には差が生じる場合がある．計測方法の違う降雪量または累積降雪量を用いる場合には，計測値の取り扱いに注意が必要である．

3 融雪量の観測

3.1 * はじめに

 積雪は氷粒と空気と水(ぬれ雪の場合)からなる混合物である.融雪とは,積雪のうち氷粒(固相)が水(液相)へと融解(相変化)する現象である.融雪は一般に積雪表層および積雪下面で起きる.積雪表層の融雪水は氷粒どうしによる毛管力で保水されたり,積雪内を流下し積雪層間で保水されたりしながら,積雪下面から流出する.ゆえに積雪表層の融雪量と積雪流出量には時間差が生じる.融雪量を調査する方法は大きく分けて次の3つである.

① 積雪水量の変化
② 熱収支法
③ 融雪水流出法

①を調査する方法には,表面融雪量を計測する雪面低下法,融雪パン法,積雪層全体の積雪水量の変化を計測する積雪重量計,スノーサンプラー法がある.メタルウェファー製の積雪重量計は長期融雪観測に適している.積雪重量計については第2章「降積雪の観測」に記載した.またスノーサンプラーを用いた方法は第7章「広域積雪調査(スノーサーベイ)」を参照するとよい.次節では雪面低下法と融雪パン法について解説する.

②は積雪に出入りする熱収支成分を計測または算定し,その残差から融雪熱量を求める方法で,融雪熱量を融解の潜熱で割ると融雪量を求めることができる.積雪に入ってくる熱収支成分は放射収支量 R_n,顕熱伝達量 H,潜熱伝達量 $L_v E$,雪中熱伝達量 Q_b,雨からの伝達熱量 Q_r である.この熱収支の残差は,その層の温度が0℃未満であればその層の温度を上昇させるまたは下降させる熱量 Q_s と釣り合う.0℃ならばその層を融解させるあるいはその層に含まれる水を凍結させる潜熱 Q_m と釣り合う.すなわち,

$$R_n + H + L_v E + Q_b + Q_r = Q_s + Q_m. \tag{3.1}$$

これらの熱収支成分をすべて連続的に計測するには相応の労力が必要であることから，気温のみを用いて簡便に融雪量を推定するデグリーデー法が採られることも多い．熱収支法による観測方法は日本雪氷学会北海道支部（1991），近藤純正（1994），日本雪氷学会（2005）などを参照するとよい．

③は融雪水が流出した量から融雪量を見積もる方法で，ライシメーター法，流域流出量法がある（日本雪氷学会北海道支部，1991）．ライシメーター法は積雪中層，積雪下面あるいは地中に集水容器（ライシメーター）を敷設し，流出水量を雨量計または流量計で計測する方法である．流域流出量法は流域の末端で河川流量を観測し，流域の融雪量を推定する方法である．

3.2＊雪面低下法

3.2.1 観測方法

雪面低下法は，積雪深の減少量と積雪表層の乾き密度から融雪量を算定する方法である．融雪期に入ると積雪全層が"ざらめ雪"に変態し，積雪の沈降は無視できるほど小さくなるので，降雪も降雨もない条件では積雪深の変化は融雪と蒸発または凝結によると見なせる．ある時刻の雪面の高さを Z_1(m)，次の時刻の雪面の高さを Z_2(m)，乾き密度を ρ_d（kgm^{-3}），蒸発量（負）または凝結量（正）を E(mm) とすると，融雪量 M(mm) は次式 (3.2) で算定できる．

$$M = \rho_d \cdot (Z_1 - Z_2) + E. \tag{3.2}$$

ここでは融雪水の密度を 1000 kgm^{-3} と置いて mm に換算した．融雪期は蒸発または凝結の寄与は小さいので無視して融雪量を算定する場合がある．蒸発または凝結の寄与が無視できないときは，蒸発パン（3.3.2項）を用いて計測するか，気象要素から算定する．

3.2.2 表層の密度

積雪の密度には乾き密度とぬれ密度がある．0℃の積雪は氷粒，空気

と水から構成されるので，ぬれ雪から一定体積を採り，質量を計測した場合は水の質量も含んでいる．したがってこの密度は空気の質量に対する寄与は小さいので無視すると単位体積当たりの氷と水の質量である．これをぬれ密度という．一方，水を除いた氷だけの単位体積当たりの質量を乾き密度という．融雪量とは氷粒が水へ融解した量なので，算出には乾き密度を使う．ぬれ密度 ρ_w から乾き密度 ρ_d を求めるには重量含水率 $W(\%)$ を測定し，次式（3.3）により求める．

$$\rho_d = \rho_w(1 - W/100). \tag{3.3}$$

3.2.3 注意点

融雪期の積雪表面は凹凸が大きくなる．さらに雪尺を用いる場合は雪尺の周りが窪んでいる場合がある．雪尺を読むときには目線をなるべく雪面に近づけて，周囲の雪面を代表する深さを読むようにする．

日射のエネルギーは，積雪表面ではなく表層 5 cm ほどでその大半が吸収される．融雪期の積雪表層は融けつつある積雪であることから，積雪表層の乾き密度を雪面低下法に用いると融雪量を過小に評価する場合がある．5〜10 cm の乾き密度を使用したほうがよいという指摘もある（日本雪氷学会北海道支部，1991）．

観測露場でない場所で雪面低下量を求めるには，雪尺を用いるのが一般的である．雪尺は必ずしも観測露場のように地面まで達する必要はなく，基準位置からの雪面の変化を読み取れればよい．融雪期の積雪の沈降は無視できるとすると，次回の観測まで動かない程度に雪尺を鉛直に立てればよい．また，雪面上方にたるまないように糸を張り，糸と雪面の間の距離をスケールで読み取ってもよい．流域や山域における雪面低下量の測定方法は第7章「広域積雪調査（スノーサーベイ）」を参照するとよい．

3.3 *融雪パン法

3.3.1 融雪パン

(1) 観測方法

融雪水が排水されるように工夫した容器（融雪パン：図 3.1，口絵 3

3.3 融雪パン法

図 3.1 円筒型の融雪パン(直径 20 cm,底はメッシュ)(撮影:兒玉裕二)

参照)に積雪表層を切り出して収め,容器ごと雪面に置いて観測前と観測後の質量の違いを計測する方法である.1 時間から数時間の融雪量を求めるのに便利な方法である.用意するものは融雪パン,秤,雪べらである.以下の手順で測定する.

① 雪面に融雪パンがちょうど収まる大きさの穴をつくる.雪べらを用いるとよい.周囲の隙間が小さいように作成する.
② 積雪表層をブロック状に切り出し,融雪パンにうまく収まるよう雪べらで整形する.雪ブロックは欠けたり割れたりしていないこと.
③ 積雪を収めた融雪パンの重量を計測する.このとき容器の周囲に付着している雪粒や水滴は取り除くこと.
④ 融雪パンをパン上面が雪面にくるように設置し,測定を開始する(図 3.2).測定期間が終了後,積雪を収めた融雪パンの質量を計測する.このとき容器の周囲に付着した雪粒や水滴は取り除くこと.

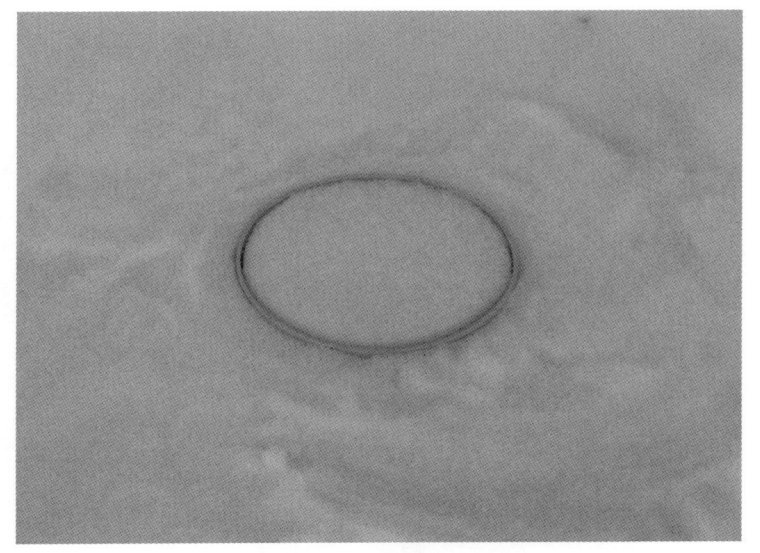

図 3.2 雪面に設置した融雪パン (撮影:阿部 修)

⑤ 測定開始前と測定終了後の積雪を収めた融雪パンの質量をそれぞれ m_1(kg), m_2(kg), 融雪パンの上面の面積を A(m^2), 蒸発量(負)を E(mm) とし,測定期間中に降水量がないとすると,融雪量 M (mm) は次式 (3.4) で算定される.

$$M = (m_1 - m_2)/A + E. \tag{3.4}$$

(2) 注意点

融雪パンは融雪が自然状態と同じように起こり,かつ融雪水がすみやかに排水されるような容器が望ましい.容器による日射の吸収や,雪との比熱の違いは測定誤差に繋がる.また,融雪パン下面のメッシュが毛管力により融雪水を保水してしまうことがある.

融雪パン上面の面積は大きいほうが望ましいが,パンの大きさは秤の最大秤量により制限されるので,秤の最大秤量と分解能を勘案して決定する.深さは 5〜10 cm 程度が用いられる.

融雪パンに収める雪層はクラックが入らないように注意する.割れ目

図 3.3 角型の蒸発パン(一辺 12 cm,底は蓋がされている)(撮影:兒玉裕二)

は選択的に融解が進むので測定誤差に繋がる.融雪水が残った積雪層内に保水されやすいので,測定前にその水を切る必要がある.

以上のように測定に当たって注意しなければならない点が多く,融雪量を精度よく測定するのは案外難しい.

3.3.2 蒸発パン

蒸発パン(**図 3.3**)を用いて積雪表面からの蒸発を測るには融雪水が排水されない容器に積雪表層を切り出して設置し,雪面に置いて観測前と観測後の質量の違いを計測する.測定手順は融雪パンと同様である.1 時間から数時間の凝結量や蒸発量を直接求めるのに便利な方法である.測定開始前と測定終了後の積雪を収めた蒸発パンの質量をそれぞれ m_{e1} (kg),m_{e2}(kg),蒸発パンの上面の面積を $A(\mathrm{m}^2)$ とし,測定期間中に降水量がないとすると,凝結量(正)または蒸発量(負)$E(\mathrm{mm})$ は次式

(3.5) で算定される.

$$E = (m_{e2} - m_{e1})/A. \qquad (3.5)$$

測定の注意点は融雪パンと同様である.精度よく測定するには,積雪の取り扱い,蒸発パンの取り扱いに注意を払う.

4 積雪断面観測

4.1 * はじめに

　積雪は，降雪のたびにできた層が積み重なって形成されている．地面から雪面までの積雪全層について，物理量や含まれる化学成分の分布を測定するのが，積雪の断面観測である．断面観測は，その場所その冬の積雪の特性やその時点の積雪の状態を知るための基本的な観測であり，目的はさまざまである．例えば，積雪地域各地の冬期間の気象特性や積雪に含まれる化学成分を比較すること，雪崩が発生したときの積雪の状態を知ることなどが目的として挙げられる．近年では気象データを入力して，積雪層の変化を推定する数値モデルが開発，改良されている．それらの結果を検証するためにも断面観測によるデータの蓄積が必要である．本章では，主として日本国内の平地における観測を想定し，断面観測の手順に従って，測定項目ごとに観測方法を解説する．使用する器具や用具は項目ごとに巻末の**付表4.1**にまとめた．

4.2 * 準 備

4.2.1 積雪断面の作成

　断面観測には，降雪が一様に積もった広くて平らな場所が適している．建物や樹木の傍，道路脇，起伏のある場所は避けるのが望ましい．測深棒や雪崩埋没者捜索用のゾンデ棒で数カ所の積雪深を測り，測定値に大差なく地面に凸凹のないことを確認する．場所が決まったら，観測用の雪穴（snow pit）を掘る．観測対象の積雪断面（壁面）は直射日光が当たらない方角にする．そのために，原則として晴天時には太陽のほうを向いて正面に断面を作成し，前方の積雪を乱さないように，掘った雪は後方へ投げ上げるのが基本的なやり方である．吹雪時には，掘った穴に雪が吹き溜まったり，観測対象の断面に雪が付かないように風向に配

慮すべきである．なお斜面上では，通常，積雪層が斜面と平行に形成されるので，積雪断面が斜面の最大傾斜方向と平行になるように掘るのが一般的である．断面の幅は1〜1.5 m以上，奥行きは1 m以上は必要で，測定者の数に応じて幅を広くするとよい．また積雪深が深ければ，自ずと奥行きを広くしなければならない．身長を越えるほどの深さでは，雪面までの間の高さに雪を投げ上げるための中継地を設けると効率よく掘り進められる．断面は鉛直かつ表面が平らになるように凸部をスコップで削り落として成形し，成層構造がよく見えるように仕上げる（図4.1）．化学成分分析のために積雪を採取する場合には，積雪を汚さないように特別に注意を払う必要がある（第5章参照）．

すべての観測が終了したら，危険防止のために掘り出した雪を埋め戻す．同じ場所で再度観測する場合には，掘った断面から暖気や冷気が進入しないよう丁寧に埋め戻し，断面の位置がわかるように目印のポールなどを立てておく．次の観測は，そこから少なくとも1 m以上は前方へ

図4.1 積雪断面の仕上げ作業

掘り進めて行うようにする.

4.2.2 観測機器および測定の準備

測定で使用する機器のうち,雪べら(**図4.2**),密度サンプラーなどはあらかじめ外気(氷点下の場合)や雪で冷やす.プラスの温度のサンプラーに氷点下の雪が付くと凍着するので注意する.4.6.3項で述べる誘電方式のデノース式含水率計のセンサーは0℃の雪に差し込んでおく.

断面ができたら,雪尺(スケール)を地面が0になるように鉛直に立てて,積雪深を読み取り記録する.この雪尺がすべての測定高の基準になるので,観測途中で倒れたり高さがずれたりしないように固定する.小枝や割り箸などを雪に差して雪尺を留めるとよい.斜面上で観測する場合は,雪尺を鉛直に立てて積雪深(測定高)を読むか斜面に垂直にするかを明記しておく.また,積雪を地面まで掘らない場合には,雪面の高さを0とし,雪面からの深さで測定位置を表してもよい.そのときは,測深棒やゾンデ棒で積雪深を測定しておくと,測定深さを測定高に換算することができる.

積雪観測に先立ち,気温を測定する.気温は温度計センサーを観測者

図 4.2 雪べら
雪べらは,積雪に切れ目を入れる,雪をすくう,積雪の表面を削る,などに用いる.

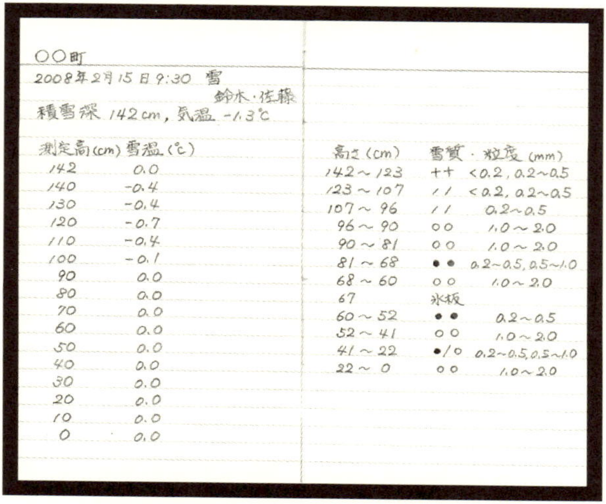

```
○○町
2008年2月15日 9:30  雪
              鈴木・佐藤
積雪深 142cm, 気温 -1.3℃

測定高(cm) 雪温(℃)      高さ(cm)    雪質・粒度(mm)
142      0.0        142〜123    ++    <0.2, 0.2〜0.5
140     -0.4        123〜107    ++    <0.2, 0.2〜0.5
130     -0.4        107〜 96    //    0.2〜0.5
120     -0.7         96〜 90    ○○    1.0〜2.0
110     -0.4         90〜 81    ○○    1.0〜2.0
100     -0.1         81〜 68    ●●    0.2〜0.5, 0.5〜1.0
 90      0.0         68〜 60    ○○    1.0〜2.0
 80      0.0         67         氷板
 70      0.0         60〜 52    ●●    0.2〜0.5
 60      0.0         52〜 41    ○○
 50      0.0         41〜 22    ●/○   0.2〜0.5, 0.5〜1.0
 40      0.0         22〜  0    ○○    1.0〜2.0
 30      0.0
 20      0.0
 10      0.0
  0      0.0
```

図 4.3　野帳の記載例

の日陰で軽く振りながら測る．野帳（フィールド・ノート）にはまず，場所，観測日時，天気，積雪深，気温，観測者名などを記載しておく．

4.2.3　観測データの整理

観測値は野外では例えば図 4.3 のように野帳に記載し，その後パソコンの表計算ソフトなどに入力して整理，保存するのがよい．データは観測終了直後にその場で見直しておくと，測定漏れや記入ミスに気づきやすく，再測定することもできる．図 4.4 のようにグラフ化すると特徴がつかみやすく，他との比較もしやすくなる．断面観測データをまとめた資料集（例えば，竹内ら，2009；根本ら，2008；山口，2007；八久保ら，1997）を参考にしていただきたい．積雪断面観測用の作図ソフトは市販品もある（巻末の「積雪観測用具取扱店リスト」を参照）．

4.3 * 雪　温

雪温は，どのような気温条件下で降雪が起こったのか，雪がぬれているのかなどを知る上で重要な要素である（雪温が氷点下では，雪は水を含まず乾いている）．また積雪内部に温度勾配がある場合には，雪崩の弱

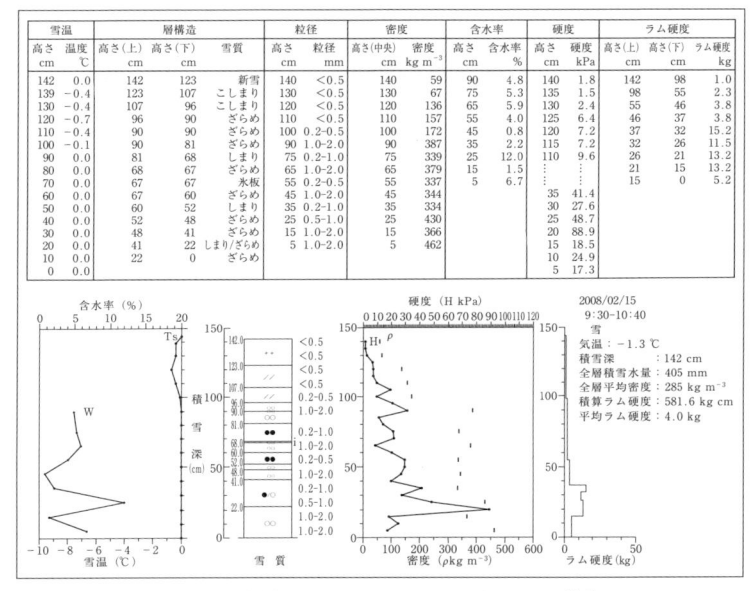

雪温		層構造			粒径		密度		含水率		硬度		ラム硬度		
高さ cm	温度 ℃	高さ(上) cm	高さ(下) cm	雪質	高さ cm	粒径 mm	高さ(中央) cm	密度 kg m⁻³	高さ cm	含水率 %	高さ cm	硬度 kPa	高さ(上) cm	高さ(下) cm	ラム硬度 kg
142	0.0	142	123	新雪	140	<0.5	140	59	90	4.8	140	1.8	142	98	1.0
139	−0.4	123	107	こしまり	130	<0.5	130	67	75	5.3	135	1.5	98	55	2.3
130	−0.4	107	96	こしまり	120	<0.5	120	136	65	5.9	130	2.4	55	46	3.8
120	−0.7	96	90	ざらめ	110	<0.5	110	157	55	4.0	125	6.4	46	37	3.8
110	−0.4	90	90	ざらめ	100	0.2−0.5	100	224	45	0.8	120	7.2	37	32	15.2
100	−0.1	90	81	ざらめ	90	1.0−2.0	90	387	35	2.2	115	7.2	32	26	11.5
90	0.0	81	68	しまり	75	0.2−1.0	75	339	25	12.0	110	9.6	26	21	13.2
80	0.0	68	67	ざらめ	65	1.0−2.0	65	379	15	1.5			21	15	13.2
70	0.0	67	67	氷板	55	0.2−0.5	55	337	5	6.7			15	0	5.2
60	0.0	67	60	ざらめ	45	1.0−2.0	45	344			35	41.4			
50	0.0	60	52	しまり	35	0.2−1.0	35	334			30	27.6			
40	0.0	52	48	ざらめ	25	0.5−1.0	25	430			25	48.7			
30	0.0	48	41	ざらめ	15	1.0−2.0	15	366			20	88.9			
20	0.0	41	22	しまり/ざらめ	5	1.0−2.0	5	462			15	18.5			
10	0.0	22	0	ざらめ							10	24.9			
0	0.0										5	17.3			

図 4.4 断面観測結果のデータシートとグラフ(例)

層となる"しもざらめ雪"や"こしもざらめ雪"が発達する可能性が高いので,雪崩の予測という観点からも重要である.

雪温は測定する積雪断面(壁面)が外気にさらされると変化するので,雪穴を掘り終わったら最初に測定する必要がある.測定の際には,センサーが雪温になじんで平衡になってから,温度計の精度にもよるが,0.1℃まで読むのが望ましい.雪温の測定間隔は,等間隔の深さ(通常は10 cm 間隔)で測るのが一般的だが,目的に応じて測定間隔を調整する.積雪に温度計センサーを差し込む場合には水平に差し込み,積雪表面付近の測定の場合には,日射がセンサーに当たらないように雪べらなどで日陰をつくって測定を行う.

温度計は,通常器差を持っている.そのため,使用する温度計の表示値と真の温度との差を知っておく必要がある.氷と水が共存した状態(0.0℃)を測定し,温度計表示値との差を補正値として使用するのが望ましい(例:温度計の表示が+0.1℃なら,測定値から0.1℃を引いた

値が真値). 日本においては, 通常積雪が1m近くあれば, 地面と接する積雪底面は0.0℃なので, 現場で補正を行う際には, 地面のすぐ上の雪温を測り, その値を基に補正することもできる.

4.4＊層構造, 雪質, 粒度 (粒径)

雪は順々に積もっていくので, 地面に近い層ほど早い時期に積もった雪となる. また降雪強度や降雪結晶の種類, 積もった後に融解を経ているか, 大きい温度勾配下にあったかなど, 降雪条件や堆積後の環境によって, 積雪には層構造が形成される. そのために積雪の層構造を調べることは, 積雪の特性を知る上で基本かつ重要である. 現場において, 層構造をどれだけ細かく観測するかは, 観測目的や人員, 時間などの条件次第である. なお, 層構造, 雪質, 粒度は一連の観測項目として扱うことが多い.

一般的な断面観測では, 目視により雪質や粒度の変化を見極め, 層境界が不明瞭な場合には指で雪の硬さの変化をみながら, 層構造を決めることが多い. ときには, ブラシ (小さなほうき) で断面を掃くようにすることにより, 軟らかい雪を削り取り, 硬い層, 軟らかい層の区別を明瞭にする方法 (ブラシ法) や, 雪べらを断面に垂直に当て, 上下に動かすことにより軟らかい部分を削り落として, 層構造を明瞭にする方法を用いることもある.

時間のあるときには, あるいは層構造の写真を撮るために, インクで着色して層構造を観測する方法もある (図4.5). インク1, 水10ほどの割合で混ぜたインク水を霧吹きで断面に吹き付けた後, 断面をガスバーナーであぶって融かす. こうすると各層の保水力の違いによってインクの濃淡が生じ, 細かい層構造まで明瞭に現れる. また, 積雪を鉛直に薄く切り出して光の透過によって層構造を見る方法もある.

層構造が決まったら, 層境界の高さ, 雪質, 粒度を観測し記帳する. その際, 汚れた層や黄砂を含んだ層も記載しておくと層の時間的追跡が容易になる.

雪質は, 巻末の付録Ⅱ「雪質分類」(日本雪氷学会, 1998) に従って決定する. その際には10倍程度のルーペを利用すると, 粒子の詳しい様子

図 4.5 断面にインクをスプレーした例

がわかりやすい．雪質は大きく分けると，降ったばかりで明瞭な結晶形を持っている"新雪"，等温変態し，粒子が球形に変化している"しまり雪"，温度勾配下で変態し，霜の結晶が発達している"しもざらめ雪"，水の影響を受け氷粒子が著しく成長している"ざらめ雪"に分類される．それぞれの粒子の写真は，付録Ⅱを参考にしていただきたい．

粒度は**表4.1**のように分けられている．粒度の測定には粒度ゲージ（**図4.6**）を使用する．雪質や粒度は目視観測で判定するため，ある程度観測者によってばらつきが生じるのはやむを得ない．はじめのうちは，経験者と一緒に観測するのが望ましい．また1つの層が1種類の雪質と粒度から成るとは限らず，2種類の混合や中間段階のこともあるので，その場合には両者を併記（例：しまり・こしまり雪）するとよい．特に，融雪初期は水みち（融雪水の流下経路，一般に柱状）が形成され，1つの層の中でも場所により著しく性質が異なることがある．そのような場合には水みち部分の雪質，粒度も記載するのが望ましい．できれば水みち

表 4.1 積雪の粒度

大きさ (mm)	用　語	
<0.2	very fine	微小
0.2-0.5	fine	小
0.5-1.0	medium	中
1.0-2.0	coarse	大
2.0-5.0	very coarse	特大
>5.0	extreme	超特大

(日本雪氷学会, 1998)

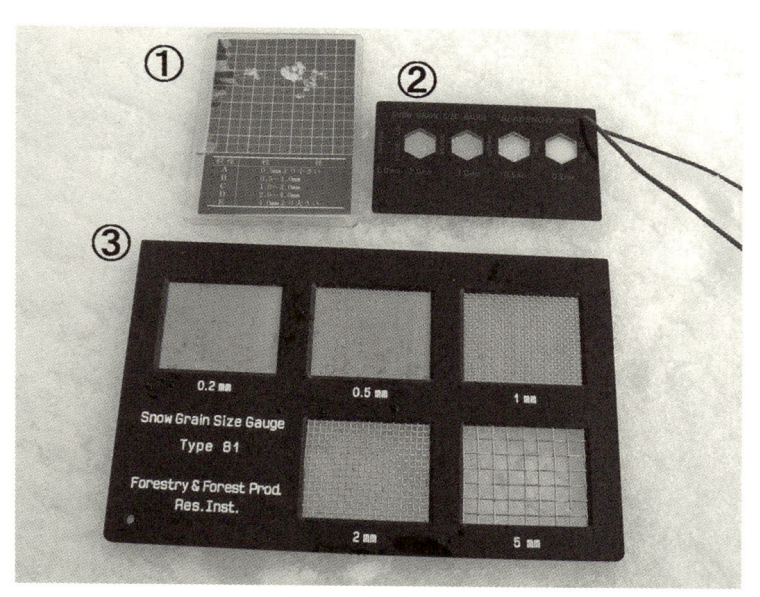

4.4 層構造、雪質、粒度（粒径）

図 4.6 粒度ゲージ
①目盛線を利用した粒度ゲージ，②ガラスビーズを使った粒度ゲージ（納口, 2001；Nohguchi, 2003），③ふるいを使った粒度ゲージ（遠藤ら, 2003）．

4.5 * 密　度

　一般に，積雪は積もった直後は密度の小さな新雪であるが，圧密が進むにつれて，"こしまり雪"，"しまり雪"と密度が増加する．積雪層の質量（相当水量）の分布を知るためには密度の分布を測定する必要がある．また，密度は雪粒子の結合の強さ（雪の強度）や硬度と関係が深く，密度が大きくなるほど積雪の強度は増す．密度は，断面観測の中で基本的かつ最も重要な測定項目であるといえる．密度は雪崩がどの層で発生したのかを知る上でも重要な手がかりとなる．また実際に積もっている雪が融けて水になったときにどれくらいの量になるかを知るためにも密度の情報が不可欠である．

　密度の測定間隔の決定方法には大きく分けて2つの方法がある．1つは等間隔（例えば10 cmおき）に測定する方法である．この方法は機械的に行えるので初心者に向いている．また観測結果を数値モデルなどと比較する際にも便利である．もう1つの方法は，層に注目した測定である．この方法は層構造に対応した積雪の特徴が得られる利点があるが，層構造の決定に個人差が出るおそれもある．層構造に着目した場合には，層の中央付近の高さで密度を測定する．また，薄い層や氷板では密度測定は困難なので「硬い」，「もろい」などの層の特徴を記載するとよい．

　密度測定には，一般的に角型密度サンプラー（体積100 cm^3，図4.7）を用いる．しかし密度の計算には，体積と質量がわかればよいので，特に形状や体積にこだわる必要はない（空き缶でも体積がわかっていれば密度測定に使うことが可能である）．雪がぬれている場合には，水を含んだ質量を測定することとなる．そのため水を含んだ密度をぬれ密度と呼び，水を除いた乾き密度と区別する場合がある．ぬれ密度から乾き密度を計算する方法については4.6節を参照していただきたい．

　測定を行う前にサンプラーおよび雪べらは外気や雪で冷やしておく（4.2.2項参照）．また密度の測定位置の決め方（サンプラーの上面/中央/下面の高さとする）を記載しておく．

　測定の手順は以下の通りである．

4.5 密度

(a)

角型密度サンプラー

(b)

カバー

(c)

電子天秤

図 4.7 密度の測定手順

① 測定位置の積雪に密度サンプラーを水平に差し込む(**図 4.7a**).
② サンプラーにカバーをかぶせて,正確に 100 cm³ の雪を採取する(**図 4.7b**).カバーをかぶせるには,サンプラーより上の雪を雪べらでブロック状に切って除去し,カバーをかぶせた後にサンプラーを取り出すようにする(雪ブロックは,雪べらよりやや大きめに,手前は広く,奥は狭くなるように切れ目を入れると取り出しやすい).こうした方法をとるため通常,密度測定は上層から下方へ進める.
③ サンプラーから雪を取り出し,電子天秤で質量を測り記帳する(**図 4.7c**).このときにサンプラー内に雪が残っていないかを確認する.

なお,風のあるときは,天秤の値がふれるので風除けを工夫する.

標準的な 100 cm³ の角型密度サンプラーは高さ 3 cm に製作することが多い.そのためにもっと薄い層(例えば雪崩のすべり面)の密度を測定するには,高さが低い密度サンプラーが必要である.また非常に密度の小さい新雪や脆い"しもざらめ雪"などの場合には,一般的な密度サンプラーでは正確に定体積分の雪を採取するのが困難な場合がある.逆に非常に高密度の積雪の場合には,角型密度サンプラーを差し込めない場合がある.どのような高さ分解能で,どのような雪の密度を測定するかによって密度サンプラーの材質や形状などを工夫し,使い分けるとよい.

4.6 * 含水率

積雪は,氷点下では"乾雪"で含水率は 0 である.一方,水を含んだ"湿雪"は構造が急速に変わり,物理的特性が大きく変化する.そのため,積雪の強度や挙動など力学的性質に関して含水率は重要である.また,積雪に浸透した融雪水の流下・流出過程にも積雪内の含水率分布が深くかかわっている.通常,積雪の密度は質量と体積を測定して算出するので(4.5 節参照),湿雪の場合には水を含んだ"ぬれ密度"となる.そのため水を除いた氷部分の"乾き密度"を知りたいときには,同時に含水率を測定して次式(4.1)により換算する必要がある.

$$\rho_{\text{dry}} = \left(1 - \frac{W}{100}\right)\rho_{\text{wet}} \tag{4.1}$$

ここで,ρ_{wet} はぬれ密度,ρ_{dry} は乾き密度,$W(\%)$ は重量含水率であ

る.

含水率の表し方には重量含水率と体積含水率がある．重量含水率は，積雪の質量に対する水の質量（m_w）の割合であり，積雪中の氷部分の質量をm_iとすると，

$$W = \frac{m_w}{m_i + m_w} \times 100 \tag{4.2}$$

と表せる．一方，体積含水率（W_v，%）は，積雪全体積（V_s）のうち水の体積（V_w）の割合であり，次式（4.3）のようになる．

$$W_v = \frac{V_w}{V_s} \times 100 \tag{4.3}$$

体積含水率は積雪のぬれ密度（ρ_{wet}）および水の密度（ρ_{water}）を用いて次式（4.4）により重量含水率に換算することができる．

$$W = \frac{W_v \rho_{water}}{\rho_{wet}} \tag{4.4}$$

現在，日本で普及している積雪含水率計には融解型の熱量方式と誘電方式によるものがある．熱量方式には，吉田（1959）が開発した結合式含水率計や，その後広く普及した秋田谷式含水率計（秋田谷，1978；Akitaya, 1985）がある．最近では，秋田谷式を小型軽量化して測定を簡略化した遠藤式含水率計（河島ら，1996；Kawashima et al., 1998）が使われることも多い．また，欧米で開発された誘電方式の含水率計のうちオーストリアのインスブルック大学実験物理学研究所製のデノース（Denoth）式含水率計（The snow surface/volume wetness dielectric device; Denoth, 1994）やフィンランドのスノーフォーク（Snow Fork）（Sihvola and Tiuri, 1986）が日本でも使われるようになった．

ここでは，秋田谷式，遠藤式，デノース式の各含水率計の測定方法，および含水率計を使用せずに含水状態を定性的に判断する簡易測定について解説する．なお，秋田谷式および遠藤式含水率計ではそれぞれ測定値の約84%，約86%が測定誤差±2%以内に入るとされている．デノース式含水率計では誘電定数εの相対誤差が約2%であるとされている．また，デノース式で測定した含水率を秋田谷式および遠藤式で測定した同じ積雪層の含水率と比較したところ，データ数の約90%が両熱量方式との差5%以内に収まった（竹内ら，2005）．

4.6.1 秋田谷式含水率計の測定手順

用意するもの：秋田谷式含水率計一式（断熱容器，温度計（分解能0.1℃）），ポリチューブ（測定回数分），電子天秤（分解能0.1g），サンプラー，ポットまたは魔法瓶に入れた湯（30～40℃），容器2つ（A，B）．ポリチューブの質量 p と容器Bの質量 b を乾いた状態であらかじめ測定しておく．含水率計の温度計センサーは，水に浸した雪に入れて0℃の検定を行い，補正値を調べておく．

① 湯（120～150g）を入れた容器Aの質量 A を電子天秤で測定する．
② ①の湯をポリチューブの中央より片方に寄せて入れ，空いた容器Aの質量 a を測定する．ポリチューブに入れた湯の正味量を知るために質量 a は毎回測定する．
③ ポリチューブの湯の中に温度センサーを入れて，図4.8のように含水率計の断熱容器に入れる．引き出しで仕切られたもう一方のポ

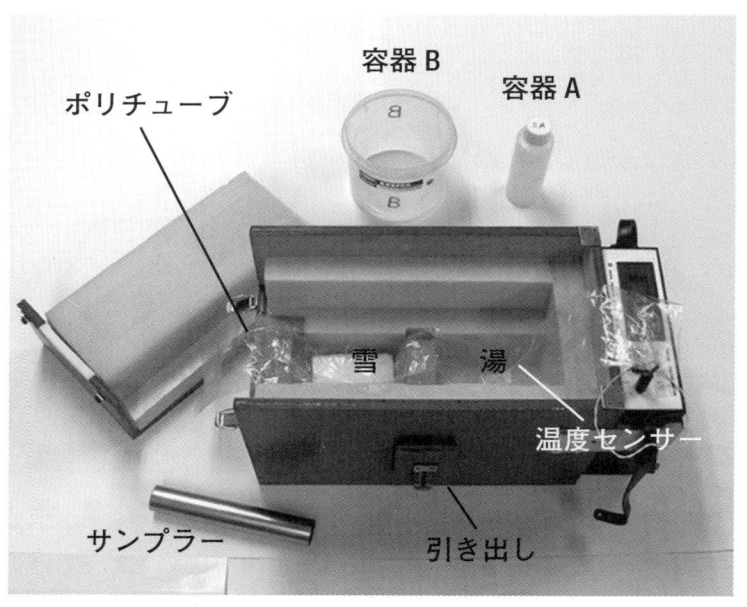

図4.8 熱量方式の秋田谷式含水率計

リチューブの中へ雪試料（20～50 g）を入れる．

④ 含水率計のふたを閉じて，軽く揺すりながら湯の温度 T_1 を読み，仕切りを引き出して湯と雪をチューブの中で素早く混合する．含水率計を傾けて攪拌し，雪が融け切って平衡になった温度 T_2 を読む．④の一連の作業は，外部との熱交換を少なくするために短時間で行う．

⑤ 融け水をチューブごと容器Bに入れ，容器＋チューブ＋融け水の質量 B を測定する．ポリチューブは1回の測定ごとに乾いたものと交換する．容器Bに水滴が付いたときには次の測定のために拭き取る．

⑥ 測定値を次式（4.5）に代入して重量含水率 $W(\%)$ を算出する．T_1，T_2 は補正済みの温度とする．

湯の質量：$M_1 = A - a$

雪の質量：$M_2 = B - b - p - M_1$

$$W = \left[1 - \frac{1}{79.6}\left\{ \frac{M_1(T_1 - T_2)}{M_2} - T_2 \right\} \right] \times 100 \qquad (4.5)$$

4.6.2 遠藤式含水率計の測定手順

用意するもの：遠藤式含水率計（図 4.9a），電子天秤（分解能 0.1 g），サンプラー，ポットまたは魔法瓶に入れた湯（30～40 ℃），容器，ペー

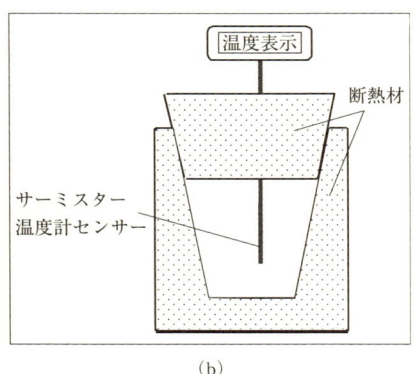

図 4.9 遠藤式含水率計
（a）：外観，（b）：構造．

パータオル．遠藤式含水率計は**図 4.9b** のような構造であり，カップラーメンの空き容器や断熱材などの身近で安価な材料で自作できる点が特長でもある．ただし，含水率計の温度計センサーの質は測定精度にかかわる重要な要素である．センサーを水に浸した雪に入れて 0 ℃の検定を行い，補正値を調べてから使用する．

① 容器の中に湯を 60～100 g 入れ，湯の入った容器の質量 m_1 を測定する．
② ①の湯を含水率計に移し，空いた容器の質量 m_2 を測定する．
③ 湯を入れた含水率計の質量 m_3 を測定する．
④ 含水率計を揺すって湯を撹拌しながら湯の温度 T_1 を測定した後，ふたを開けて雪試料（15～30 g）を素早く入れ，ふたを閉じる．含水率計を揺すって雪を速く融かし切り，平衡になった温度 T_2 を読む．
⑤ 融け水の入った含水率計の質量 m_4 を測定する．
⑥ 含水率計のふたを開けて，雪が完全に融けたことを確認する．融け水を捨てた後，次の測定のために，含水率計に付いた水分をペーパータオルで拭き取る．
⑦ ①で容器を使用せずに，直接含水率計に湯を入れてもよい．その場合，最初に空の含水率計の質量 m_0 を測定し，③へ進む．
⑧ 測定値を次式（4.6）に代入して重量含水率 $W(\%)$ を算出する．T_1，T_2 は補正済みの温度．

湯の質量：$M_1 = m_1 - m_2$ または $M_1 = m_3 - m_0$
雪の質量：$M_2 = m_4 - m_3$

$$W = \left[1 - \frac{1}{79.6}\left\{\frac{M_1(T_1 - T_2)}{M_2} - T_2\right\}\right] \times 100 \quad (4.6)$$

4.6.3 デノース式含水率計の測定手順

<u>用意するもの</u>：デノース式含水率計，ペーパータオル．

① 測定前に，含水率計のセンサーを雪に入れて 0 ℃に冷やす（誤差を小さくするため）．
② 含水率計のセンサーに付いた水滴をペーパータオルなどで拭き取り，センサーを水平にして積雪断面に差し込む（**図 4.10**）．
③ 含水率計の 2 つのダイヤルを調整し，電流を示すアナログメータ

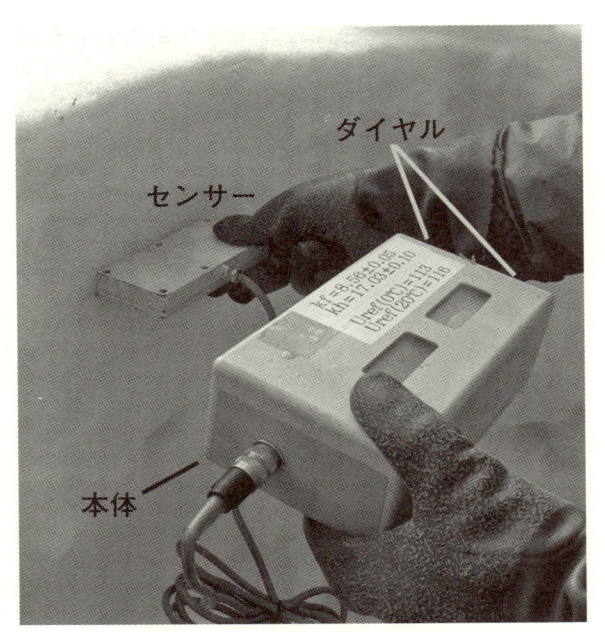

図 4.10 誘電方式のデノース式含水率計

ーが最小になったときの表示 U を読む.
④ 測定対象の積雪の密度（ぬれ密度 ρ_{wet}）を測定する（4.5 節参照）.
⑤ 雪の誘電定数 ε を表す関係式 (4.7)(4.8) により, 2 次方程式の解の公式に従って, 体積含水率 $W_{\text{V}}(\%)$ を算出する. さらに, $\rho_{\text{wet}}/1000$ で除して重量含水率 $W(\%)$ に換算したのが計算式 (4.9) である. ここで, U_{ref} はセンサーを 0℃ の空気中に置いたときの検定値, k は含水率計の定数であり, これらは含水率計ごとに異なる固有の値である. ぬれ密度 ρ_{wet} の単位は kg m^{-3} である.

$$\varepsilon = 1 + 1.92 \frac{\rho_{\text{wet}}}{1000} + 0.44 \left(\frac{\rho_{\text{wet}}}{1000}\right)^2 + 0.187 W_{\text{V}} + 0.0046 W_{\text{V}}^2 \tag{4.7}$$

$$\varepsilon = 1 + k \log_{10}\left(\frac{U}{U_{\text{ref}}}\right) \tag{4.8}$$

表 4.2 積雪の含水状態の定性測定

用語	雪温	状態	およその体積含水率
Dry	乾いている	<0℃ 握っても固まらずに崩れる	0 %
Moist	湿っている	0℃ 握ると固まり雪玉ができる 水はルーペでも見えない	<3 %
Wet	ぬれている	0℃ ルーペで水が見える 握っても水はしたたり落ちない	3–8 %
Very wet	非常にぬれている	0℃ 握ると水がしたたり落ちる	8–15 %
Slush	シャーベット状	0℃ 雪を持ち上げると水がしたたり落ちる	>15 %

(ICSI, 1990;秋田谷,山田,1991)

$$W = W_\mathrm{V}\frac{1000}{\rho_\mathrm{wet}} = \frac{-0.187 + \sqrt{(0.187)^2 - 4 \times 0.0046 \times c}}{2 \times 0.0046} \times \frac{1000}{\rho_\mathrm{wet}} \tag{4.9}$$

ここで,

$$c = 1 + 1.92\frac{\rho_\mathrm{wet}}{1000} + 0.44\left(\frac{\rho_\mathrm{wet}}{1000}\right)^2 - \left\{1 + k\log_{10}\left(\frac{U}{U_\mathrm{ref}}\right)\right\} \tag{4.10}$$

4.6.4 含水状態の定性測定(目視観測)

含水率計などの測定機器を使わずに,雪を手で握ってみる目視観測により水分量の多寡を判断する方法である.国際的に統一された基準(ICSI, 1990)に準拠し,**表 4.2** の5段階で含水状態を判断すると,緊急時であっても後に役立つデータが得られる.

4.7 * 硬　度

積雪の硬度は,雪粒子の結合の強さを表す指標であり,野外観測では積雪に剛体を押し込むときの抵抗力を測定して硬度とすることが多い.このような硬度計としてスイスのラムゾンデや日本では木下式硬度計(木下,1960)などが使われてきた.ラムゾンデ(**図 4.11**)は細長い金属製

4.7 硬度

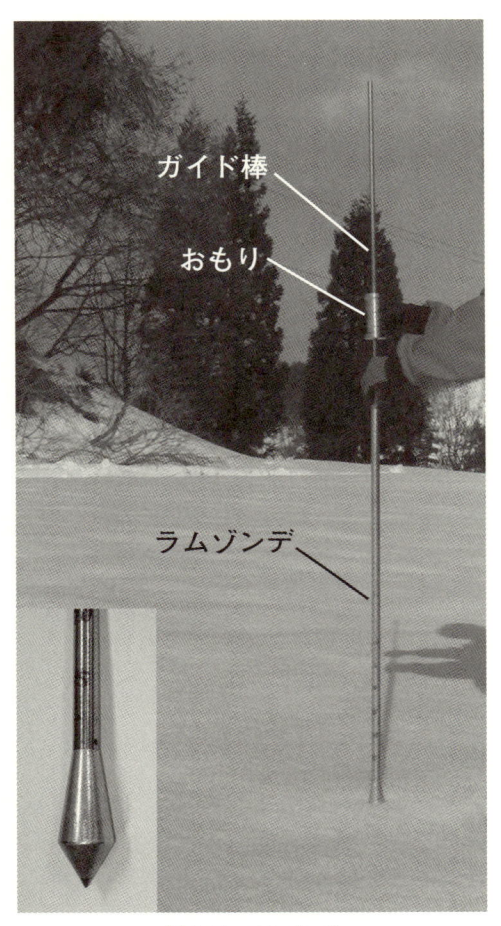

図 4.11 ラムゾンデ

パイプの先端が直径 4 cm，頂角 60° に統一された円錐形になっている．パイプにおもりを落として衝撃を与え，積雪内へ貫入した深さを測定する．雪を掘らなくても，パイプを継ぎ足しながら雪面から地面までの連続的な硬度分布を得られる特長がある．反面，硬度の小さな薄い積雪層を検出するのは難しい（Schneebeli and Johnson, 1998）．

木下式硬度計（**図4.12**）では，測定しようとする積雪層上に水平面を作って金属円板を載せ，そこにおもりを落としたときの円板の沈下深さを測定する．沈下時の積雪の破壊と塑性圧縮によって円板が受ける単位面積当たりの抵抗力を硬度と定義し，物理的な意味を明確にしている（木下，1960）．

　硬度の小さな積雪層は，表層雪崩のすべり面となる可能性があるので，特に雪崩調査では硬度を細かくかつ迅速に測定することが求められる．そこで近年では，デジタル式荷重測定器（プッシュゲージ）を硬度計として利用することが多くなってきた（**図4.13**）．プッシュゲージは携帯しやすく，測定方法が簡便で熟練を要しないうえ，細かい間隔でしかも迅速に測定できる特長がある（Takeuchi *et al.*, 1998；竹内ら，2001）．これまでに蓄積された木下式硬度計による観測値との比較ができるように，両測定値の換算式も得られている（4.7.3項参照）．

　ここではラムゾンデ，木下式硬度計，プッシュゲージによる硬度の測定方法，および測定機器を使用せずに指や鉛筆などの手近なもので定性的に硬さを調べる方法を解説する．

4.7.1　ラム硬度の測定手順

① ガイドやおもりを載せない状態で，ラムゾンデの先端を静かに雪面につけて瞬間だけ手を離し，自重で沈下した深さ，すなわちラムゾンデの目盛りで雪面の高さを読む．

② ガイドにおもりを付けて静かにラムゾンデに載せ，自重でさらに沈下した深さを読む．

③ おもりを適当な高さに持ち上げて落下させ，落下高さ（ゾンデ上面からおもり下面までの高さ）h(cm)と落下回数 n および積雪内に沈下した深さ X(cm)を記録する．落下高さは，新雪5 cm，こしまり雪10 cm，しまり雪20 cm を目安とし，沈下の具合を見ながら加減するとよい．

④ 通常5〜10 cm の沈下を1区切りとし，落下高さ（1区切りの間は一定にする），落下回数，沈下深さを記録する．これをラムゾンデが地面に着くまで繰り返す．

⑤ 積雪深がラムゾンデ1本の長さを上回るときには，雪面上に出ているラムゾンデの長さが20〜30 cm 未満になったときに，静かに2

4.7
硬度

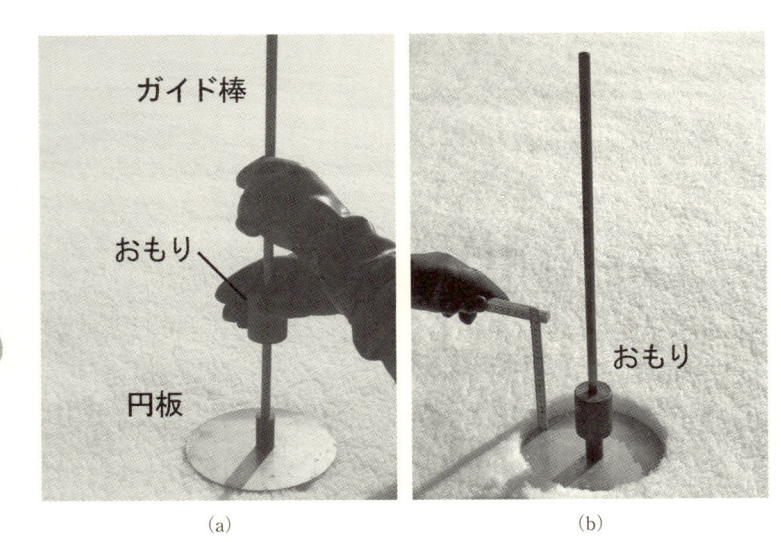

(a) ガイド棒／おもり／円板
(b) おもり

図 4.12 木下式硬度計

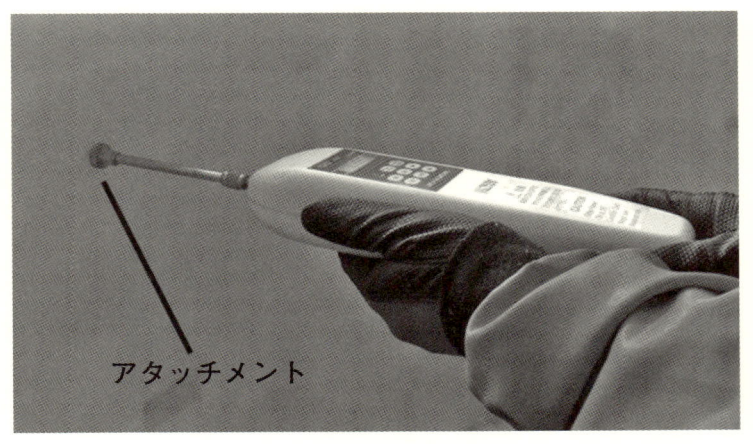

アタッチメント

図 4.13 プッシュゲージ（デジタル式荷重測定器）を使用した硬度の測定

本目を継ぎ足す．これ以後は，ラムゾンデが2本であることを記録しておく．3本目以降を継ぎ足すときも同様である．

⑥ 沈下した深さが積雪深に近づいたら，地面に着くときを見極めるために沈下の様子やおもりを落としたときの音の変化に注意を払う．地面に着くと，おもりを落とした瞬間にラムゾンデが跳ね返る感触がある．

⑦ 式（4.11）によってラム硬度 R(kg) を計算する．ここで，Q(kg) はラムゾンデの質量で，継ぎ足して本数が増えれば，Q も増加する．M(kg) はおもりの質量，m(kg) はガイド棒の質量，h(cm) はおもりの落下高さ，n は落下回数である．ΔX(cm) はひと区切りの間の沈下深さで，X_i を i 回目の区切りまでの沈下深さとすると，$\Delta X = X_i - X_{i-1}$．付表 4.2 のようなラム硬度データシートを作成し，パソコンの表計算ソフトを利用して計算するのが便利である．

$$R = Q + M + m + (hnM)/\Delta X \qquad (4.11)$$

これにもとづき積算ラム硬度（kg cm）は，$\Sigma(R\Delta X)$，平均ラム硬度（kg）は積算ラム硬度を積雪深 HS(cm) で除して，$\Sigma(R\Delta X)/HS$ として算出する．なお，ラム硬度を N の単位で表記するには，R(kg) に重力加速度 9.8（ms^{-2}）を乗ずる．

4.7.2 木下式硬度計の測定手順

① 測定は積雪の上層から下層へ向かって進める．まず，硬度を測定する層より上の積雪を雪べらで取り除く．

② 測定する雪面を雪べらで水平にして円板を置く．硬い雪の場合は，円板を使わずに雪面にガイドを載せる．

③ ガイドに通したおもりを適当な高さ h から落下させて，円板またはガイドの底面が沈下した深さを物差しで数カ所測定する．おもりの落下高さ h と沈下の深さ d を記録する．

④ 沈下の深さは測定対象とする積雪層の厚さ以内になるように円板の大きさや落下高さを選ばなくてはならない．沈下の深さが 10〜20 mm 程度のときに誤差が小さい（秋田谷，1991）ので，この範囲に収まるように円板や落下高さを組み合わせることが望ましいが，これには熟練を要する．

⑤ 木下式硬度 H(kg cm^{-2}) は式 (4.12) により計算する．ここで，M：おもりの質量 (kg)，m：円板+ガイドの質量 (kg)，h：おもりの落下高さ (cm)，d：円板の沈下深さ (cm)，S：円板の面積 (cm^2) である．

なお，木下式硬度 H を kPa の単位で表記すると，1 kg cm^{-2} は 98 kPa に相当する．

$$H = \{M(1+h/d) + m\}/S \tag{4.12}$$

4.7.3 プッシュゲージによる測定方法

プッシュゲージ（デジタル式荷重測定器）は歪みゲージを用いた荷重変換器で，引張力と圧縮力の荷重測定用に市販されている．メーカー数社が類似のものを販売している．積雪の多い山地を除けば，通常の断面観測で測定する積雪硬度は最大 500～800 kPa くらいなので，プッシュゲージは最大荷重がおよそ 100～200 N 以上，分解能 0.1 N 以下であり，直径 15 mm くらいの円板状のアタッチメントが付いているものが適している（図 4.13）．野外で使用するので，充電式の携帯用のものが便利である．

測定の際には，プッシュゲージのアタッチメントが受ける圧縮抵抗力の最大値を自動的に表示するモードに設定する．プッシュゲージに装着した円板状のアタッチメントを積雪の垂直断面に等速度（数 cm s^{-1}）で 1～2 cm 押し込み，雪面を突き破るときの破壊強度，すなわち抵抗力の最大値を測る．硬度は，測定値（N）をアタッチメントの断面積（m^2）で除して圧力の単位（Pa または kPa）で表す．測定の手順は簡便で，1 回の測定に要する時間は数秒である．数回の試用をすれば，誰でも迅速に硬度分布を測定することができる．

プッシュゲージで測定した硬度 PR(kPa) は，必要な場合には式 (4.13) によって木下式硬度 KR(kPa) に換算することができる（佐藤ら，2002）．

$$KR = 0.1\, PR_{15}^{1.5} \quad (2 \leq PR_{15} \leq 400 \text{ kPa で適用}) \tag{4.13}$$

ここで，PR_{15} は直径 15 mm のアタッチメント使用時の硬度測定値であり，直径 d mm のアタッチメント使用時の硬度 PR_d は，式 (4.14) によって PR_{15} に補正することができる．

$$PR_{15} = PR_d / (0.5 + 8/d) \qquad (4.14)$$

4.7.4 硬さの定性測定

硬度計などの測定機器を使わずに，指や鉛筆などの手近なものが積雪に入るか否かで，雪の硬さを定性的に判断する方法である．国際的に統一された基準（ICSI, 1990）に準拠し，**表4.3**の5段階で硬さを記録すると，測定機器がないような緊急時であっても後で役立つデータが得られる．

表4.3 積雪の硬さの定性測定

用 語		ハンドテスト		およその硬度(Pa)	ラム硬度(N)
Very low	非常に軟らかい	fist	手袋をはめた拳が入る	$0-10^3$	$0-20$
Low	軟らかい	4 fingers	手袋をはめた指4本が入る	10^3-10^4	$20-150$
Medium	ふつう	1 finger	手袋をはめた指1本が入る	10^4-10^5	$150-500$
High	硬い	pencil	鉛筆が入る	10^5-10^6	$500-1000$
Very high	非常に硬い	knife blade	ナイフが入る	$>10^6$	>1000
Ice	氷	—	—	—	—

(ICSI, 1990；秋田谷，山田，1991)

5 化学分析のための積雪試料採取

5.1 * はじめに

　積雪に含まれる化学成分を測定する目的は，環境への負荷となる積雪の酸性度や汚染の具合を調べること，積雪の化学成分組成や同位体比から大気中の物質循環を調べること，などである．また，氷河から採取された雪や氷を対象とした場合には，過去の気候変動を復元することが主たる目的になるであろう．このように，積雪中の化学成分を調べる目的は多岐にわたっており，その対象となる化学成分も多種多様である．

　積雪の化学成分を分析するための試料を採取するときに，最も気をつけなければいけないのは，積雪を採取や処理するときに，大気中，地面，サンプラー，試料を保存する容器，人間などに付着，含有している物質が試料に混じらないようにすることである．試料に異物が混入することを「汚染」，混入する物質を「汚染物質」と呼ぶ．汚染を防ぐ最適な方法は，対象となる試料によって異なる．南極の積雪のように，もともと含まれている化学物質が少ない積雪を扱うためには，汚染に対して細心の注意を払わなければならない．一方，融雪時期に国内の積雪を採取する場合には，作業に伴う汚染よりも，作業中に周りの環境から混入する汚染のほうが問題になるので，素早く操作を行うことを優先したほうがよい（五十嵐，的場，2000；雪氷化学分科会，2003）．

　以上に述べてきたように，最適な積雪の採取方法，処理方法は研究の目的，観測場所，対象となる物質，分析する成分などによって異なる．本章では主に，日本国内の積雪を観測対象に，pH，電気伝導度，イオンクロマトグラフィーで測定できる溶存化学成分，雪や氷の水素と酸素の安定同位体比を分析対象とした場合の積雪試料採取方法について解説する．また，ここで述べた試料以外の対象物，対象成分を分析するときの参考のために，以下で述べるさまざまな処理方法や操作方法については，その理由をなるべく詳しく記した．

5.2＊試料採取器具の洗浄

試料採取のための器具は、清浄で刃こぼれなどしない丈夫な素材のものを用いる。現在では、容易に錆びないステンレス製のものが多く用いられている。器具に汚れが付いていると、採取する積雪にその汚れが混じってしまうので、器具が汚れている場合は使用する前に洗浄する必要がある。洗浄は以下の手順で行う。

① 油汚れがある場合はアセトンやエタノールで拭き取り、純水（超純水があれば、なおよい）で十分すすぐ。
② 純水を入れた容器に器具を浸し、超音波洗浄器で洗浄する。
③ 器具を純水で十分すすぐ。
④ クリーンルーム、密閉容器の中などの清浄な環境で乾かす。
⑤ 器具の雪にふれる部分を清浄なビニール袋などで覆い、使用直前まで汚れないようにする。

5.3＊試料採取容器，保存容器の準備と洗浄

試料を採取して融解させる容器，保存する容器には，容器による試料の汚染，保管中の試料の蒸発や変質を防ぐため，清浄で密閉できるものを用いる．試料採取には，持ち運びが容易なポリエチレン製の袋がよく用いられる．国内の積雪中の主要化学成分を測定するのであれば，市販のチャック付き袋の新品のものは，十分清浄なので洗浄せずに使用できる．試料の保存にはポリプロピレン製のサンプルビンがよく用いられる（**図 5.1**）．ガラス製の容器は，ガラスからナトリウムやカリウムが溶け出すおそれがあるので，陽イオンを測定するときは用いない．

新品のサンプルビンは，以下の方法で洗浄する．

① 容器を純水で2, 3回すすぐ．
② 容器を純水で満たし，超音波洗浄する．
③ ②の純水を捨て，新たな純水で3回すすぐ．
④ クリーンルーム，密閉容器などの清浄な環境で乾かす．

試料を採取するときに使用するポリエチレン袋には，あらかじめ試料番号を記入しておく．風や降雪の影響を受けやすい野外では細かな作業

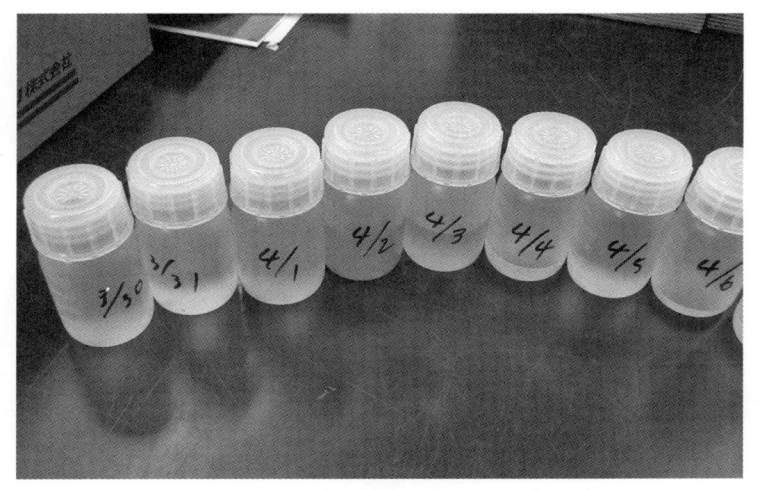

図 5.1 ポリプロピレン製のサンプルビン (50 ml)
2007 年 4 月 2 日 (4/2) 採取のサンプルが黄砂で汚れている.

がやりづらいことが多い. 屋内でできる作業は屋内で済ませておくことが大事である.

5.4 * 観測断面の作り方

観測断面の基本的な掘り方は, 4.2.1 項に述べた通りであるが, 化学成分分析のための試料を採取する場合には, 人や物によって汚さないよう特別に留意する必要がある. 以下に, その留意点を挙げる.

① 採取者の衣類や身体から出る化学物質が採取する雪に混じらないように, 試料採取を行う積雪断面は, 観測者から見て観測者の風上側に当たるようにつくる.
② 雪を掘るときには, 積雪を汚さないよう, 錆や泥が付いていない清浄なスコップを用いる. また, 地面近くの雪を掘っているときに, スコップに土が付いてしまうことがある. その場合には, スコップを周りの雪に何度も突き刺し, 汚れを完全に除いてから使う.
③ 観測断面には, 衣類や身体でふれないようにする.
④ インクなどを使った観測は, 試料採取が終わってから行う.

5.5＊採取方法

試料採取は，積雪を積雪断面から取り出す人と，取り出された雪を袋や容器に受ける人の2人で行うと作業が効率よく，また試料を汚染させてしまう可能性が低くなる（**図5.2**）．試料を採取する際は，軍手などの薄手の防寒手袋の上に清浄な手袋（使い捨ての新品のビニール手袋など）をはめる．

サンプラーは，使用する前に外気や雪で十分に冷やしておく．氷点下の雪を採取するときにサンプラーが暖かいと雪が付着してしまう．また，冷えたサンプラーが日射によって暖まるのを防ぐため，また不用意にサンプラーを土や体で汚さないために，サンプラーを使わないときは，サンプラーを積雪断面に突き刺しておく．

積雪の採取は以下の手順で行う．

① 積雪を採取する断面とは別の汚染していない積雪断面に数回サンプラーを突き刺し，サンプラーに付着した汚染を取り除く．

② 積雪を採取する断面にサンプラーを差し込み，採取する袋の口の大きさに合う大きさで積雪を切り出す．このとき，採取する試料の

図5.2 2人1組での試料採取

量が深さによって均一になるよう注意する．
③ もう1人の採取者が袋（容器）の口を開け，採取した試料を袋（容器）に入れる．袋（容器）の口は，試料を入れる直前に開ける．長時間開けていると汚染が混入する可能性が高い．
④ 試料が入った袋（容器）の口を固く閉じる．

5.6 * 試料の融解と保存

試料を保存容器に直接採取した場合は，試料は測定直前まで冷凍で保存することが望ましい．冷凍保存できない場合は，測定直前まで冷暗所で保管する．ポリエチレン袋に試料を採取した場合は，ポリエチレン袋は完全に密閉できない場合が多いので，試料採取後，なるべく早く以下のように処理をする．
① なるべく清浄な環境で，室温で完全に融解させる．
② 完全に融解したら，清浄な手袋をはめ，袋の外側についた水滴を清浄な紙や布巾で拭き取る
③ 袋をよく振り，袋の中を攪拌する．
④ 手袋を新しい物に交換し，袋の口を開けるか，または袋の端を少し切りとり，試料の注ぎ口をつくる．試料を少しその口から捨て，袋の口を試料で洗う．
⑤ 試料保存容器に少し試料を入れ，容器のふたをして容器を振って，試料を捨てる作業（"ともあらい"と呼ぶ）を3回行う．
⑥ 保存容器に試料を入れる．
⑦ 試料は測定内容に応じて，測定まで冷凍，冷蔵，室温で保管する．

6 雪粒子の観察と撮影

6.1＊はじめに

雪粒子の観察において着目される点は主に粒子の形状と大きさ，粒子と粒子の結合構造である．粒子の形状と大きさについては，直接サンプルを採取し，顕微鏡，ルーペなどの光学機器を用いて観察が行われる．一方，粒子と粒子の結合構造については，アニリン法により薄片を作成して観察する方法（木下，若浜，1959）が用いられてきたが，近年ではMRIを用いた3次元的な観察方法が開発されている（Ozeki *et al.*, 2003）．ここでは，主に野外におけるルーペを用いた雪粒子の形状と大きさの観察と撮影について述べる．粒子と粒子の結合状態の観察については上に挙げた文献などを，顕微鏡を使用した観察・撮影方法については油川（2005）を参照していただきたい．

6.2＊必要な器具

雪粒子の観察と撮影に必要な器具は，以下の通りである（**図6.1**）．
- 粒度ゲージ： 第4章「積雪断面観測」を参照
- ルーペ： スライドフィルム用の透明な採光スカートが付いたもの（5〜20倍程度）
- 刷毛
- コンパクトデジタルカメラ： 撮影距離25 cm以下のマクロ機能のあるもの
- レンズ拭き（適宜）

6.3＊雪粒子の観察

雪粒子の形状や大きさは実にさまざまで，同一の粒子は存在しないと

図 6.1 雪粒子の観察と撮影に必要な器具

6.3 雪粒子の観察

もいえるが，形状の特徴などによりいくつかの分類が提案されている．例えば，降雪結晶においては中谷（Nakaya, 1954）による 42 種類の一般分類表，より詳細な Magono and Lee（1966）による一般分類表が示されている．一方，積雪については，9 つの大分類と 37 の小分類からなる国際分類（IACS, 2009）が提案されている．日本において一般的に使用されている日本雪氷学会積雪分類（日本雪氷学会，1998）は，この大分類と基本的に同じである．

6.3.1 形状の観察

雪粒子の形状の観察においては，目視により上記の分類に従って区分することが一般的であるが，詳細な観測と記録のためには写真撮影が行われる．実際の雪粒子には，2 種類以上の粒子が混在している場合や変態の進行過程にあり，中間的な形態を持ったものなどもあるため，明確な区分が難しい場合もある．このような場合には，2 種類以上の分類を併記したり小分類を使用することにより区分しやすくなる．雪粒子の分類は，結晶の成長過程や粒子の変態過程を考慮して作成されているので，観察を行う際には，これらに留意しておくとわかりやすい．また，手で

さわった感触や角度を変えて光を当てた際の反射の具合なども参考となる．なお，各分類については巻末の付録Iを参照していただきたい．

6.3.2 大きさの観察

雪粒子の形状は不規則であり，それらの大きさを一義的に表すのは困難であるが，長径をもって表す方法や等面積円の直径をもって表す方法が一般的である．国際分類（IACS, 2009）においては，長径をもって6段階に区分することが推奨されており，一般的にはこの方法が用いられている．この際にも，2種類の粒径が混合している場合には2つの区分を併記する．なお，精密な粒径の計測が必要な場合には，画像解析が用いられる（例えば，Lesaffre *et al.*, 1998）．

6.4＊雪粒子の撮影

高倍率で鮮明な画像を得られる降雪・積雪粒子の撮影方法には顕微鏡を使用する方法がある．通常，顕微鏡を使用した撮影は，いったんサンプルを持ち帰り低温室内で行われるか，野外で行う場合は雪洞内で行われる．しかし，顕微鏡や光源などの大がかりな機材が必要であることと，手間や時間がかかることから，特別な観測目的においてのみ実施される場合が多い．ここでは，一般的な積雪観測における記録の一部として簡易に実施できる，ルーペとコンパクトデジタルカメラを使用した撮影方法を紹介する．この撮影方法は特別な器具を必要とせず，数分で実施できるため，野外における撮影に適している．

6.4.1 基本的な撮影方法

基本的な撮影方法は次の通りである．

① 粒度ゲージの上に雪粒を載せる．刷毛を使って雪粒子が均等になるようにする（**図6.2**）．
② カメラの撮影モードをマクロに切り替える（通常，花模様のアイコンで表示されている）．
③ ルーペの接眼部にカメラのレンズを直接押し付ける（**図6.3**）．
④ 像が歪む場合は，カメラのズーム機能を用いて焦点距離を変化させ歪みの少ない焦点距離を選定する（**図6.4**）．
⑤ シャッターボタンを押して撮影する．ほとんどのコンパクトデジ

図 6.2 雪粒を粒度ゲージに載せる

タルカメラは，CCD に結ばれた画像のコントラストを基にピントを合わせるため，ルーペを介してもオートフォーカス撮影が可能である．また，撮影時に野帳も撮影しておくと写真を整理する際に便利である（**図 6.5**）．シャッターを切る際に手振れが発生する場合は，セルフタイマーを使用するとよい．

6.4.2 より厳しい条件下における撮影

より厳しい条件下においても，次のように工夫することによって撮影が可能である．

- 悪天候時の撮影： 降雪や強風により撮影が困難な場合は，雪洞（幅 50×高さ 50×奥行き 50 cm）を使って撮影する（**図 6.6**）．
- 夜間の撮影： 夜間で光量が不足する場合は，LED ヘッドランプを使用して撮影する（**図 6.7**）．

6.4.3 撮影例

上記の方法で撮影した降雪・積雪粒子の例を**図 6.8**に示した．簡易的な撮影法にもかかわらず，粒子の形状や大きさを記録するには十分な画質である．

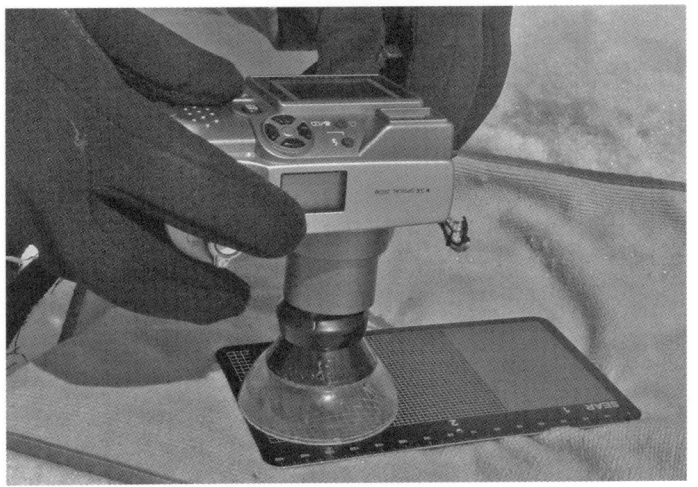

図 6.3 基本的な撮影方法

6 雪粒子の観察と撮影

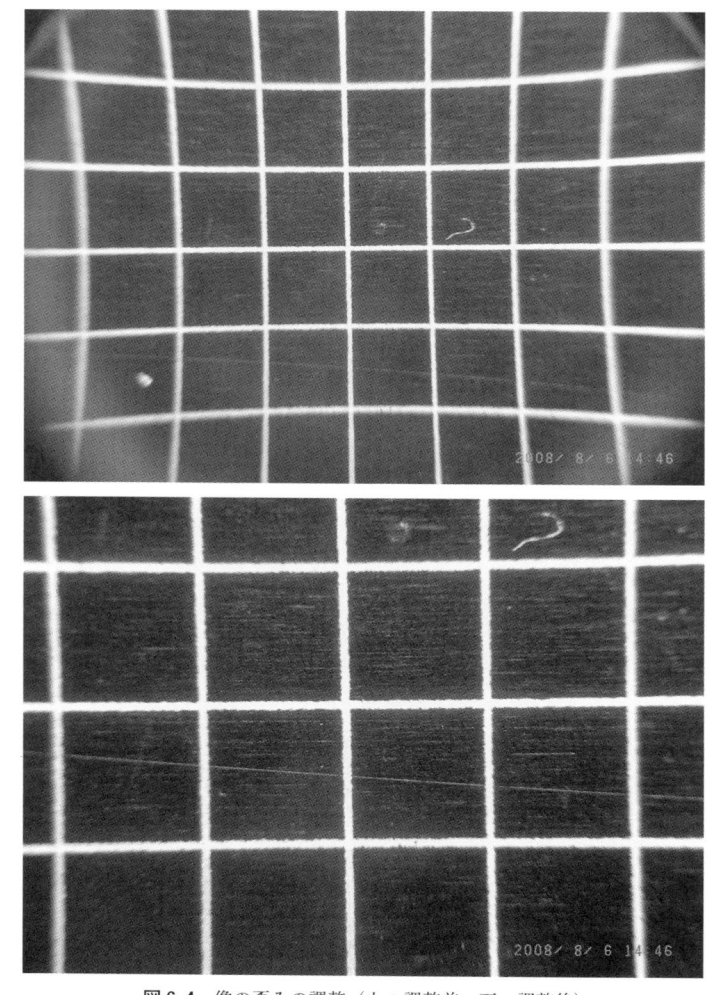

図 6.4 像の歪みの調整（上：調整前，下：調整後）
背景のます目は 3×3 mm カメラのズーム機能で調整し，最も歪みの少ない焦点距離を選定する．

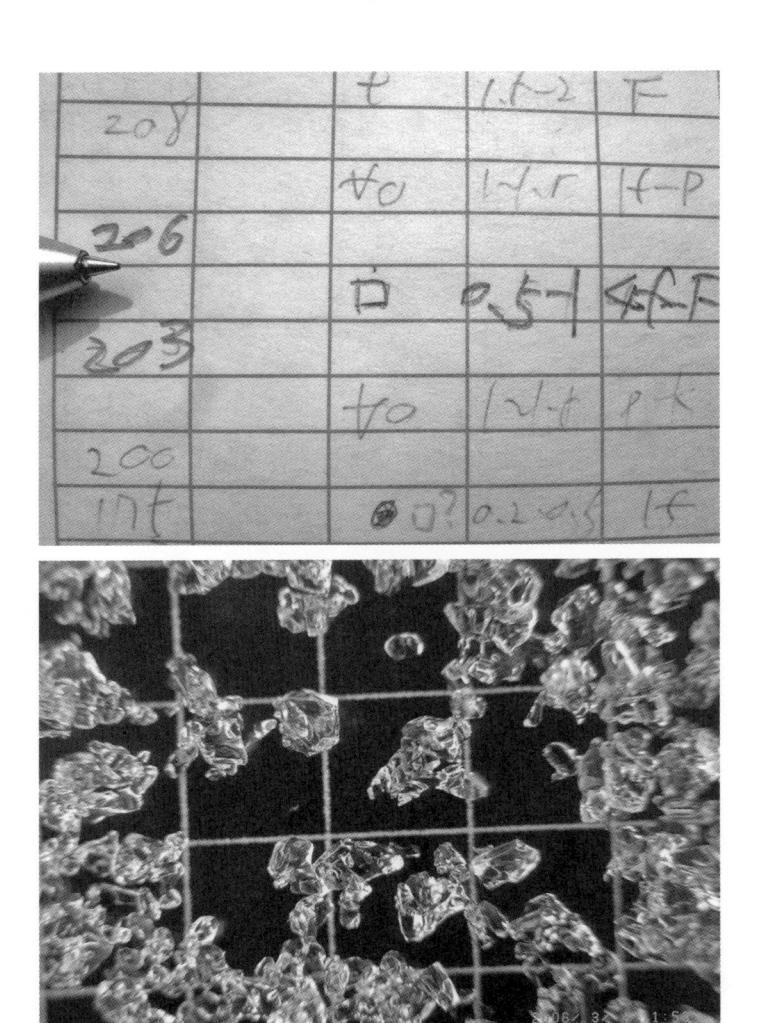

図 6.5　野帳と雪粒子の撮影例（背景のます目は 3×3 mm）

6.4 雪粒子の撮影

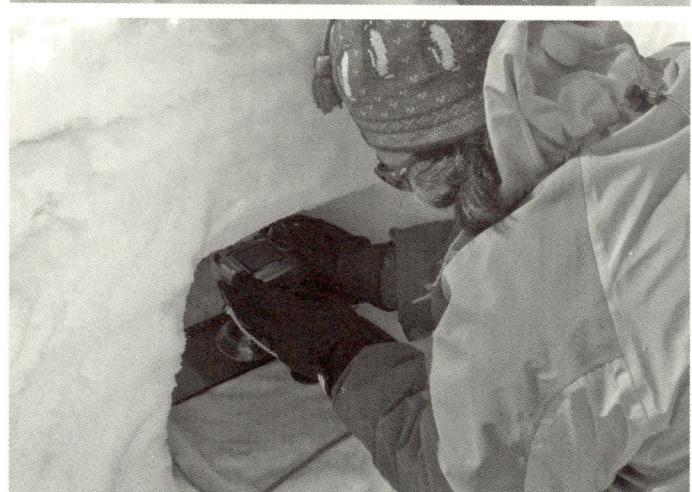

図 6.6 雪洞（幅 50×高さ 50×奥行き 50 cm）を使用した撮影

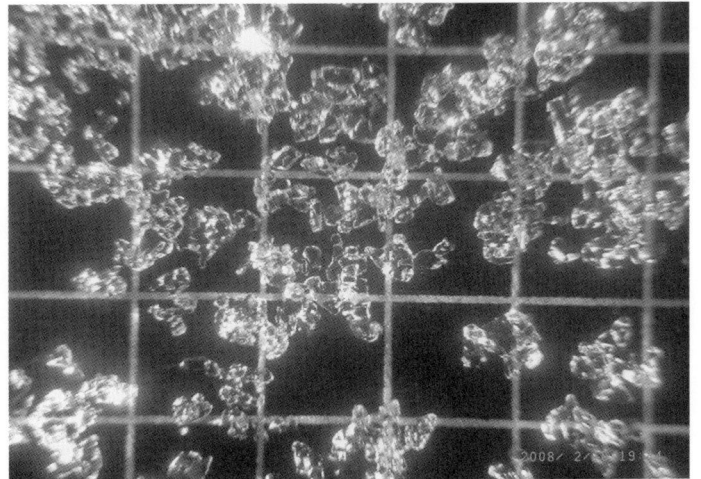

図 6.7 LED ヘッドランプ（上図丸印）を使用した撮影

6 雪粒子の観察と撮影

6.4 雪粒子の撮影

表面霜

あられ

図 6.8 雪粒子の撮影例（背景のます目はすべて 3×3 mm）

7 広域積雪調査（スノーサーベイ）

7.1＊はじめに

　積雪水量測定を多点で行うこと，あるいは積雪水量測定を多点で行って，ある広がりを持つ区域全体の積雪水量を推定することをスノーサーベイ（snow survey）という．例えば，河川の融雪流出量を見積もるために融雪期直前にスノーサーベイを行い，その流域全体の積雪水量やその分布を把握することによって，ダムの貯水量や河川流出量を管理するための資料とする．

　ある地域全体の積雪水量を把握するための方法には以下の4つがある（日本雪氷学会，1990）．
① 地域を積雪水量の地域特性により分割し，各分割区の代表的な積雪水量測定値と分割区の面積の積を積算する
② 積雪水量の高度分布曲線を高度面積で積分する
③ 積雪分布の等値分布図を積分する
④ 上記を組み合わせる

いずれにしても，ある分割地域なり，ある高度なりの代表的な積雪水量を求める必要がある．また，地域をどのように分割するか，どのような高度ごとに測定するか，どのような頻度で行うかなど，スノーサーベイの計画を綿密に立てておく必要がある．その地域の中で測定点をどのように分布させるかは信頼できる代表値を得るために非常に大事な要素である．また，測定点は多いほどよいが，1日にできる測定点数は，測定点間を移動する手段や時間にも左右され，限りがある．最も効率がよくて安全な調査コースを設定するべきである．

7.2 * 積雪深

定点での積雪深の観測法は 2.2 節に述べてある.ここでは雪尺が設置されていない場所の積雪深を測定する場合について述べる.スノーサーベイで積雪深を測定する場合,測深棒を鉛直に雪面に刺して地面から積雪表面までの距離を測る.測深棒は積雪に刺して地面まで到達させることのできる棒ならば何でもよいが,操作性の観点から,長さ 75 cm,直径 8 mm 程度の目盛りの付いたステンレス棒を継ぎ足して所用の長さにしたものを用いることが多い.また,雪崩埋没者捜索用のゾンデ棒(目盛り付き)は軽いし強度もあるので利用できる.測深棒の先端は積雪に突き刺さりやすいように砲弾型にしてある.積雪下の地面が固いと積雪下面を認識しやすいが,田圃や沼などの軟らかい地面では難しいので経験が必要である.また,笹や樹木の枝が積雪中にある場合は,これを積雪下面と間違えやすいので注意を要する.

ある測定点付近の平均的な積雪深を得るためには,少なくとも 1 から数 m おきに 10〜20 点測定する.林の中や地形が複雑で積雪水量の空間変動が大きいと予測されるところでは,測線を数十〜数百 m 定めて,1 m〜数十 m の間隔で 30 点以上測定する.

7.3 * 積雪水量

積雪水量(snow water equivalent)は積雪全量,積雪水当量ともいい,積雪を水量に換算した量であり,単位面積当たりの積雪の質量である.その単位は kgm^{-2},あるいは雨量に相当するので mm が使われることが多い.水の密度を 1000 kgm^{-3} とすると,積雪水量 1 kgm^{-2} は水柱で表すと 1 mm に相当する.

積雪水量の測定にはスノーサンプラーと呼ばれる円筒を用いる.一般に用いられている標準のスノーサンプラーは神室型スノーサンプラーと呼ばれ(**図 7.1**),内径 50 mm(断面積 20 cm^2),長さ 75 cm のスチール製のパイプを継ぎ足して所用の長さにしたもので,6 本 1 組となっており,約 4.5 m までの積雪を測定できる(東ら,1956;大沼,1958).サンプラーの先端(下端)部の外面は積雪に刺さりやすいようにやや楔形

図 7.1 神室型スノーサンプラー（'00 型）
中央の 2 本の細い棒はサンプラーを連結・離脱させるときに回すために使用するもの，スプレー缶はジョイント部の潤滑剤と採取した雪がサンプラーに付着するのを防ぐワックスである（撮影：クライメットエンジニアリング）．

になっている．また，先端の内径はそれ以外の部分より小さくしてあって，採雪の際に雪試料がサンプラーから落ちにくくしてある．

スノーサンプラーには神室型の他に，塩化ビニール（塩ビ）管に刃先を付けたものや，煙突用のスチール管を利用した簡便なものもある（**図 7.2**）．刃先の内径は塩ビ管の内径より小さくしてあり，中の試料が抜け落ちないようにしてある．煙突用のスチール管を利用したものはそのような工夫がなされていないので，スチール管の下に雪べらなどを差し込んで雪試料を採取する必要があり，深雪には適当でない（口絵 9 参照）．

7.4 * スノーサーベイの方法

7.4.1 準 備

① 観測対象域を決める．
② 調査コースを設定し，適当な密度で測定点を選定する．雪崩発生

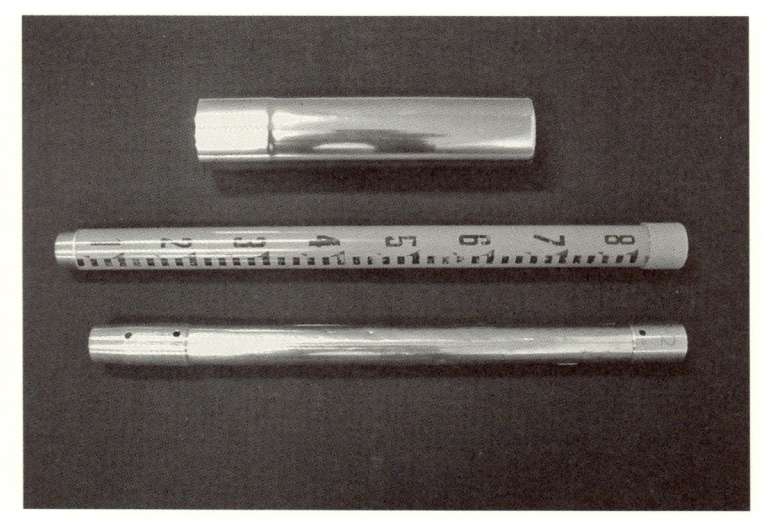

図 7.2 スノーサンプラー各種
上：煙突用のスチール管，中央：塩ビ管に金属の刃先を付けたもの，下：神室型（撮影：尾関俊浩）．

が危惧されるところなど，危険な場所は回避する．アメダスなどの既存の気象や河川流量の観測点などの近くを測定点として選ぶと，積雪状態と気象水文との関係を知ることができる．

③ 移動の手段や時間，1観測当たりの観測時間や測定点数，観測人数から，観測日程を策定する．積雪水量の観測に加えて観測する項目があれば，これらも考慮してスノーサーベイの計画を立てる．

④ 観測内容・方法・観測員が決まったら，よく打ち合わせをし，機材などを準備する．

⑤ 観測地までの移動ルートや観測コースの情報を集め，あらゆるトラブルを想定し，その対策をあらかじめ検討しておく．

7.4.2 測定点での行動

スノーサーベイでの積雪水量の測定手順については成瀬（2002）や秋田谷，山田（1991）に詳しいが，それらを参考に以下にまとめてみた．

① 測定点を決定する．ざっと見渡して最も代表的と思われる地点で測定する．吹き溜まりや道路除排雪の影響が及ばない比較的平坦な

図 7.3 測深棒による積雪深の測定

開けた場所を選定する．吹きさらし，凹地などは避ける．道路際で観測する場合は少なくとも 30 m 離れる．冠雪の落下の影響のない林中の開地や落葉樹の疎林地で，凹凸の少ない平坦な場所を選ぶ．

② 積雪深の測定と場所の妥当性を確認する．測定点一帯の積雪深を測深棒で測定する（**図 7.3**）．地表面に大きな凹凸がなく比較的平坦であること，凹地でないことなどを確かめる．10〜20 点の測定で大体の様子がわかる．平均の積雪深を概算し，スノーサンプラーでの採雪地点を決める際の参考にする．

③ スノーサンプラーの温度を雪温になじませるために，雪面に置いて雪を少しかぶせておく．移動中に暖まったサンプラーを 0 ℃以下の積雪層に差し込むと，サンプラー内の雪が融解した後，再凍結するので，サンプラー内の雪を取り出せなくなる．

④ スノーサンプラーで採雪する（**図 7.4**）．サンプラーを鉛直に雪面

7.4 スノーサーベイの方法

図7.4 スノーサンプラーによる積雪水量の測定手順
(a)：差し込み，(b)：採取，(c)：秤量．

に刺し，地面に達したと思われるとき，雪に潜ったサンプラーの長さを積雪深として測定する．その点の平均的な積雪深と異なるときは場所を変える．サンプラーを積雪から取り出す．その際に中の積雪試料が落ちないように注意する．雪試料の下面には土，落ち葉などの地面にあった物質が付着していたり，雪質が変わっていたりするので，それで地面に達していたことや雪試料が落ちなかったことを確かめる．土砂を雪試料とともに採取した場合は，それを取り除き，その長さを積雪深から引く．

⑤ スノーサンプラーを逆さにして，採取した雪試料を軽い袋に取り出す．雪がサンプラーの中に詰まった場合は，無理をしないで，サンプラーのジョイントをはずして単体のサンプラーから押し出し棒などで雪試料を取り出す．

⑥ 採取した雪試料を袋ごとばね秤で測る．神室型スノーサンプラーの断面積は $20\,cm^2$ なので $1\,m$ の試料は密度 $400\,kgm^{-3}$ ならば $0.8\,kg$ となり，秤量 $1\,kg$ のばね秤で足りる．$1\,kg$ を超えた場合は数回に分けて測定する．

⑦ 採雪・秤量は2〜5回繰り返す．雪試料の重さと積雪深の比の変動が10％以内に収まるようなら良しとする．著しく異なる比が得られた場合はそれを破棄し，もう一度採雪・秤量を行う．

⑧ 積雪水量を計算する．スノーサンプラーによる採雪から得られた雪試料の重さ（W），サンプラーの断面積（S）と積雪深（H_S）から全層平均密度（D）を計算する．数回分の平均密度を平均して，平均の全層平均密度（D_A）とする．それに測深棒での測定から得られた平均の積雪深（H_A）をかけて，その地点の積雪水量 H_W とする．

平均密度　$D(kgm^{-3}) = W(kg)/H_S(m)/S(m^2)$　　　(7.1)

積雪水量　$H_W(mm) = D_A(kgm^{-3})H_A(m)$　　　(7.2)

8 雪崩斜面における積雪安定性評価と弱層テスト

8.1 * はじめに

 積雪安定性評価とは,雪崩,すなわち斜面の積雪が重力によって移動する現象が発生する可能性を評価することである.雪崩による事故や災害の発生要因としては,地形,気象,積雪および人為的条件が挙げられるが,ここでは主に積雪条件としての積雪の安定性評価について述べる.ただし,雪崩は複雑な破壊現象の1つであり,今日までの研究成果では,確実に,あるいは何％の確率で,というレベルで雪崩の発生を予測することは難しい.また,普遍的な「雪崩発生の判定基準」も提案されていない.しかし,実際の雪崩対策の現場においては,積雪安定性評価における「着目点」と「手順」はある程度確立している.これらは,雪崩安全管理において有効であり,国や地域を問わず共通点が多い(例えば,Munter, 1999;Ferguson and LaChapelle, 2003;トレンパー,2004;マックラング,シアラー,2007;Harvey, 2009 など).

 本章では,前半において積雪安定性評価における「着目点」と「手順」の概念について述べ,後半では,積雪安定性評価に特有の観測技術である「弱層テスト」の手法について解説する.積雪安定性評価の詳細については,前掲の文献を参考にしていただきたいが,いずれにしても実地での訓練が必要となる.

8.2 * 積雪安定性評価

8.2.1 積雪安定性評価における着目点

積雪安定性評価における着目点は,大きく以下の3つに分けられる.

① 積雪の破壊に関する情報: 雪崩の観察,積雪への刺激による亀裂や破壊音の発生,弱層テストなど
② 積雪の構造に関する情報: 積雪深,層構造,雪質,密度,硬度,

雪温など

③ 気象状況に関する情報： 降雪（水）量・降雪（水）強度，風向・風速，気温など

この中で最も重要性が高いものは，①（積雪の破壊に関する情報）である．例えば，真新しい雪崩の痕跡，雪上歩行中に発生する積雪の亀裂や破壊音などは，積雪が不安定であることの直接的な根拠であり，これらが観察される場合は，明らかに雪崩が発生する可能性が高いといえる．これらに比べて，弱層テストは①に属するものの，雪崩発生との関連性は低く，②（積雪の構造に関する情報）に近い情報であるといえる．③（気象状況に関する情報）は，さらに間接的な情報である．しかし，道路や集落の雪崩管理や広域における安定性評価においては，上記の①や②の収集が困難であることから，しばしば③を中心とした積雪安定性評価が行われる．この場合，対象とする地域や時期に合わせた基準やチェックシートなどが用いられることもある．

8.2.2 雪崩の発生パターンとデータ収集

一日に行動できる範囲や収集可能なデータは限られているので，積雪安定性評価においては狙いを定めたデータ収集（ターゲットサンプリング）が重要となる（マックラング，シアラー，2007）．すなわち，対象とする期間および地域において，最も懸念される雪崩の発生パターンを意識してデータ収集を行うことが重要である．以下の4つが代表的な雪崩の発生パターンである（Harvey, 2009）．

① 多量降雪に関連した雪崩
② 風による雪の移動に関連した雪崩
③ 融雪に関連した雪崩
④ 持続型の弱層に関連した雪崩

例えば，著しく多量の降雪があった場合は，フィールドに出る前の段階ですでに広域での不安定性が予想される．また，風による雪の移動に関連した雪崩においては，風向きに対する斜面方位による差異が予想され，融雪に関連した雪崩においては，斜面方位に加え標高も大きく影響する．あるいは，特定の斜面方位において，旧雪内に"しもざらめ雪"，"こしもざらめ雪"，"表面霜"などからなる長期間持続する弱層（Jamieson, 1995）が認知されているのであれば，それらに着目して観察・

行動する必要がある（雪質分類については巻末の付録Ⅱを参照）．雪崩の発生パターンを知ることは不安定性の空間的な分布と持続性を予想する手がかりとなる（Atkins, 2005）．ただし，強い先入観を持ちすぎると，フィールドでの情報収集や分析に支障をきたすおそれがあるので注意が必要である．

8.2.3 積雪安定性評価の手順

積雪安定性評価とそれを基に行われる適切な行動を選択するための意思決定は密接にかかわっていることから，ここでは，意思決定も含めて述べる．

積雪安定性評価は，以下の3つの段階において連続的に実施される（Munter, 1999）．また，一日の行程で完結せずに，一冬期において継続的に実施するのが理想的である．これらの各段階において，継続的に安定性評価の修正や精度の向上が図られる．

(1) 出発前の準備

出発前に上記8.2.1項で示した情報を収集し，その日の雪崩発生パターンと対象地域内で不安定性が予想されるエリア（特定の斜面方位や標高域など）を想定する．この時点で明らかに不安定であると思われる場合は，該当エリア内での行動を避けたり，使用目的と管理体制（例えば，スキー場や道路）によっては，該当エリアを閉鎖することもできる．

(2) 行動中の情報収集と分析

出発前の準備において想定された不安定性の根拠となりうる情報を継続的に収集・分析しながら行動する．各時点において評価された安定性に見合ったルート（斜面勾配や植生など）を選択することによって目的に見合ったリスクを選択する．なお，不確定要素が多い場合は，より安全性を高めた行動を選択するべきである．

(3) 個々の斜面における意思決定

個々の斜面における意思決定においては，これまでの継続的な安定性評価に加え，局所的な地形に起因する不安定性要因を考慮する．例えば斜面勾配，斜面方位，凸斜面などの斜面形状，植生，地表粗度などである．また，最終的な意思決定は，対象箇所において雪崩が発生した場合の危険性（想定される雪崩の規模，岩などの危険な障害物，谷などの深く埋没しやすい地形など）も考慮した上で行われる．

8.3 * 弱層テスト

　弱層テストは，積雪安定性評価の材料の一つであり，8.2.1項で述べたように，通常「積雪の破壊に関する情報」として区分される．しかし，雪崩発生との関連の不確実性から，カナダ雪崩協会のように「積雪の構造に関する情報」として区分されている例も見られる．世界中でさまざまな方法が試みられているが，各テストに共通している点は，積雪の一部をサンプルとして刺激を与えて破壊することによって弱層の存在や位置を確認し，その強度を調べることである．テストの方法や場所の選定が適正であれば，積雪安定性を評価する上で，重要な情報となりうる．

　しかし，実際に雪崩が発生する過程においては，積雪の歪み速度，破壊される積雪の大きさ（Schweizer, 1999；遠藤，2000）やスラブ（雪崩層：斜面を滑り落ちる積雪層）の性質（Munter, 1999；Ferguson and LaChapelle, 2003；トレンパー，2004；マックラング，シアラー，2007）が重要であること，積雪の性質にはさまざまなスケール（数 cm～数百 km）における空間的な不均一性が存在すること（Schweizer *et al.*, 2008）などから，弱層テスト単独では決定的な評価材料とはなり得ない．

　このため，弱層テストで不安定を示唆する結果が出ても雪崩が発生しない場合や，逆に安定を示唆する結果が出ても雪崩が発生することは実際に起こりうる．よって，他の情報がまったくない状況で弱層テストのみを行っても，それは役に立つ情報となり得ないばかりか，誤った認識を与える可能性もあるので，注意が必要である．

　積雪の状態は時間とともに変化し，また空間的な多様性を持つが，個人で収集できる情報は限られている．このため，雪崩安全対策の現場では，複数の人員によって行われる観察結果の情報を共有することが重要であり，情報共有を前提としたテスト方法および結果記載についての標準化がなされる必要がある．

8.3.1　弱層テストを実施する場所

　観測者の安全を確保できる場所とすること，自分が行動する斜面を代表する場所を選ぶことが重要である．しかし，実際には，標高，植生，斜面方位，斜面勾配などが異なるさまざまな斜面を行動することになることから，これらすべての斜面を代表する場所は存在しえない．かとい

って，すべての斜面においてテストを実施することも現実的ではないので，8.2.2項で述べたように雪崩の発生パターンの認識とターゲットサンプリングが重要になる．標高，斜面方位，斜度，地形（尾根か谷か，吹きだまり箇所か吹き払い箇所か）といった要素が，その場所で行うテストの意味を決定する．また，積雪変質に関する知識とさまざまな地形における積雪観測の経験は，テストを実施する場所の選定や限られたテスト結果の正しい解釈を助ける．

8.3.2 弱層テストの方法とそれぞれの特徴

世界各地でさまざまな弱層テストが実践されており，また日々新しい方法が提案されている．ここでは，それらの中から，現在現場で実践されている代表的な方法として，ハンドテスト，ショベルコンプレッションテスト，ルッチブロックテスト，シアーフレームテストの4つを挙げる．それぞれの特徴は**表8.1**の通りである．

8.3.3 ハンドテスト

ハンドテストは，個人装備としてショベルを携行することが一般的でなかった1970年代に提案された弱層テストである．今日においては，すでに概要が把握されている積雪層構造について簡易に確認するために行動中に行われるのが通例であるが，同様のテストは欧米においても実施されている（トレンパー，2004；American Avalanche Association, 2004）．

新田（1986）において紹介されているハンドテストの方法は，次の通りである（**図8.1**）．

① 雪面に直径40〜50 cmの円を描く．
② 両手で積雪を掘り，高さ40〜50 cmの円柱をつくる．北海道雪崩事故防止研究会（2002）においては，ショベルを使用し，足またはスキーなどで踏みしめた位置からさらに下に70 cm程度掘り進むことが推奨されている．
③ 雪円柱の上部を両手で抱えて，手前に引っ張る．
④ 抱える位置を順次下へずらして引っ張る．この際，軽く引っ張るだけで円板がはがれたり，何枚も薄い円板がはがれるような場合は，積雪中に不安定性が存在すると考えられる．

なお，北海道雪崩事故防止研究会（2002）においては，円柱の直径を

表 8.1 弱層テストの種類と特徴

名　称	データの性質	長　所	短　所
ハンドテスト	定性的	短時間で実施できる． 道具が不要．	観測データは定性的で，情報交換には適さない． 試料が小さいため，空間的なばらつきが生じやすい．
ショベルコンプレッションテスト	半定量的	観測データは半定量的で，情報交換に適する．	ショベルとスノーソーが必要． 時間がかかる． 試料が小さいため，空間的なばらつきが生じやすい．
ルッチブロックテスト	半定量的	観測データは半定量的で情報交換に適する． 試料が大きいため，空間的なばらつきが比較的少ない．	ショベルが必要． 時間がかかる． スキーが踏み抜いた部分よりも下の弱層に対してのみ有効．
シアーフレームテスト	定量的	観測データは定量的で，情報交換に適する．	シアーフレーム，張力計，雪べら，ショベルなどが必要． 時間がかかる． 試料が小さいため，空間的なばらつきが生じやすい．

30〜40 cm とし，円板がはがれる際の強さの目安として，①手首の関節を曲げて引く，②肘からの関節を曲げて引く，③肩を使って引く，および，④腰を使って引く，の4段階が提案されている．

8.3.4 ショベルコンプレッションテスト（Shovel Compression Test, CT）

この方法は，世界中で最もポピュラーな弱層テストの1つとなっており，雪崩安全管理業務や調査研究において広く使用されている．特に北米では，雪崩安全管理業務における情報交換を前提として標準化されている（American Avalanche Association, 2004；Canadian Avalanche Association, 2007；日本雪崩ネットワーク，2009）．

(1) 実施手順（図 8.2，図 8.3，表 8.2）

① 断面（斜面に対して平行）が 30×30 cm となるように雪柱を切り

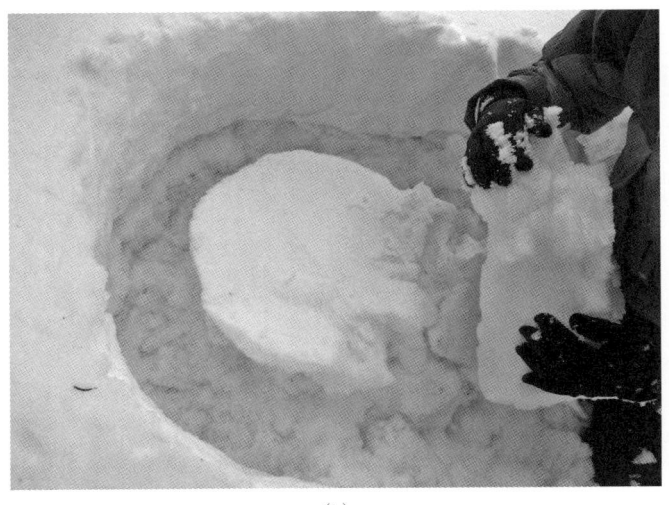

図 8.1 ハンドテストの実施方法

(a)：円柱をつくり，力を加えているところ．
(b)：スムーズに円板がはがれた状態．

出す．雪柱の高さの目安は100〜120 cm程度である．これより高いと曲げ方向の力により雪柱が折れることがあり，テストの妨げとなる場合がある．ここで柱を切り出す際に崩れるようであればCTV（Very easy）と表記する（以下同様）．

② ショベルを雪柱の上に置き，手首から先の部分を使って，指先で軽くたたく．10回以内に破壊が起こった場合はCTE（Easy）と表記する．10回たたいても破壊が起こらなかったら，次の段階に進む（以下同様）．

③ ショベルを肘から先の部分を使って，指先もしくは拳でたたく．10回以内に破壊が起こった場合はCTM（Moderate）と表記する．

④ ショベルを肩から先の腕全体を振るようにして，手の平もしくは拳でたたく．10回以内に破壊が起こった場合はCTH（Hard）と表記する．

⑤ 上記のいずれの過程においても破壊が起こらない場合はCTN（No failure）と表記する．

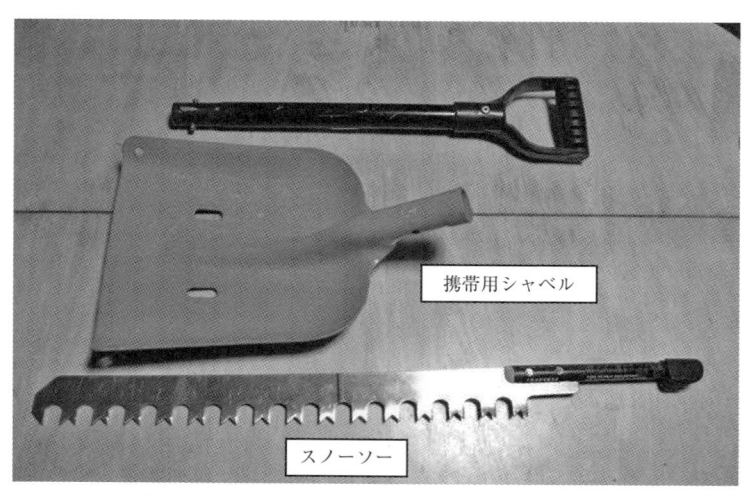

図8.2 ショベルコンプレッションテストに必要な用具

登山用品店で販売されている携帯用シャベルは，シャベルテストを考慮したサイズと形状を持ったものが多い．また，ブレードと柄が分離可能で携帯にも便利である．スノーソーは長めのもの（刃渡り40 cm以上）が作業しやすい．

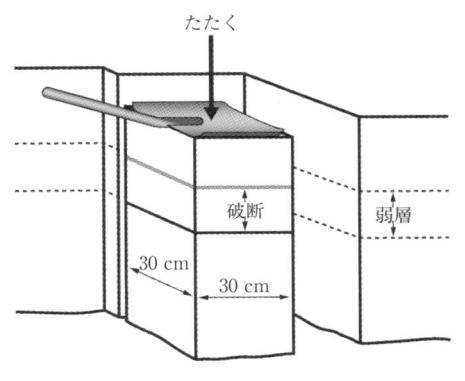

図 8.3 ショベルコンプレッションテストの模式図と実施状況
(日本雪崩ネットワーク，2009)

表 8.2 ショベルコンプレッションテストにおける強度階級とデータコード

用語	説明	データコード
Very easy	四角柱を切り出している最中に破壊する．	CTV
Easy	指先だけで 10 回軽くたたくと破壊する．	CTE
Moderate	肘から先を振り，指先で 10 回たたくと破壊する．	CTM
Hard	腕全体を使い，手の平か拳で 10 回しっかりとたたくと破壊する．	CTH
No failure	破壊が起こらない．	CTN

(日本雪崩ネットワーク，2009)

(2) 破壊の特徴

雪崩の発生とショベルコンプレッションテストの結果の関連性に関する近年の研究成果（例えば，Johnson and Birkeland, 2002；van Herwijnen and Jamieson, 2004；van Herwijnen, 2005 など）によれば，破壊に要する強度よりも破壊の特徴のほうがより雪崩の発生と関連性が高いことが指摘されている．このため近年では，ショベルコンプレッションテストを実施する際には破壊の特徴を記録することが一般的となっている．破壊の特徴については表8.3に示したように区分される．特に，大分類における"Sudden"の結果が出た場合は注意が必要とされている．

(3) 記録方法

〈CTM などのデータコードとたたいた累計回数〉〈破壊の特徴〉〈破壊が起こった位置（cm）〉〈弱層の特徴（雪質，粒度，もしわかるなら埋没日）〉〈コメント〉の順で記録する．

例：CTM 17（SC）down 34 on SH 4.0 Jan 22

※CTM 17（SC）：手首から先で10回たたき，さらに肘から先で7回の計17回たたいたところで，SC の破壊が起こったことを示す．

※down 34：破壊が起こった位置は，積雪表面から計測した場合は down，地面からの場合は up と記載する．この場合は，積雪表面から34 cm 下のところで破壊が起こったことを示す．

※on SH 4.0 Jan 22：1月22日に埋没した粒径4 mm の表面霜（surface hoar）において破壊が起こったことを示す．

8.3.5 ルッチブロックテスト（Rutschblock Test, RB）

ルッチブロックテストは，スイスにおいて1960年代に提案された方法である．スイスの雪崩予報においては今日でも重要な要素の1つに位置づけられている（Schweizer and Wiesinger, 2000）．現在は Föhn（1987a）と Jamieson and Johnson（1993）を基にした方法が一般的に実践されている（American Avalanche Association, 2004；Canadian Avalanche Association, 2007；日本雪崩ネットワーク，2009）．

(1) 実施手順（図8.4，表8.4）

① 幅2 m，奥行き1.5 m のブロックを掘り出す．ブロックを掘り出す場所は30°以上の斜度があることが望ましい．ブロック側面を掘り出さずにカット（スキー，ポール，ロープあるいはスノーソーで）

表8.3 ショベルコンプレッションテストにおける破壊の特徴とデータコード

大分類	データコード	小分類	データコード	破壊の特徴
Sudden	SDN	Sudden planar	SP	ある1回のタップで破断が雪柱に一気に入り、ブロックはたやすく前に出てくる.
		Sudden collapse	SC	ある1回のタップで破断が雪柱に入り、その層が明瞭に潰れる.
Resistant	RES	Progressive compression	PC	通常は、ある1回のタップで明瞭な厚さのある層の破壊（しばしば1 cm以上で平面ではない）が雪柱に起こり、さらに継続してたたくと、その層は徐々に圧縮されていく.
		Resistant planar	RP	ある1回もしくはそれ以上のタップで、平面もしくはおおむね平面の破断が起こるが、ブロックはたやすく前に出てこない.
Break	BRK	Non-planar break	BRK	凸凹した不規則な破壊.

※タップとはシャベルをたたくこと（ある1回のタップとは、何回目のタップでもよい）.
※SPでは平滑で瞬間的な破壊が起こる. SCではブロックがストンと沈む. PCでは徐々に厚みある層が押し潰される.
※破断とは、直線的な破壊線が雪柱の正面と側面に走ることを指す.
※傾斜が緩ければ、ブロックが前に出てくるには抵抗が増していることに留意する.
※American Avalanche Association（2004）においては、大分類のみが使用され、Q1：Sudden，Q2：Resistant，Q3：Breakという名称が使用されている.

（日本雪崩ネットワーク，2009）

する場合は、側面が引っかかるのを防ぐためにブロック前面は幅2.1 m、後面は幅1.9 mとする. ブロック前面はショベルを使って鉛直かつ平滑な面になるように削る. ブロックの両側面と後面を対象とする弱層の下まで掘るか、カットする. ここでブロックを掘り出す際にブロックがスライドするようであればRB1と表記する.

② テスト実施者が上方からブロック上部（後面から35 cm以内）に静かに乗り込む. ここでブロックがスライドするようであればRB2と表記する.

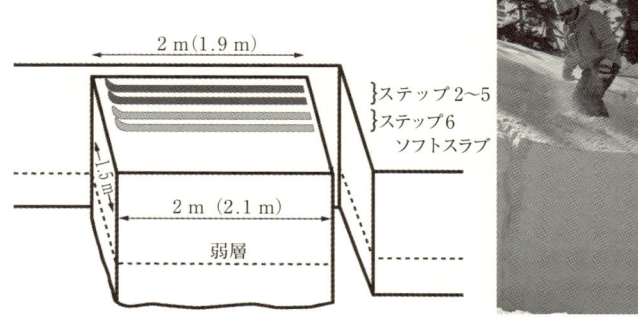

図 8.4 ルッチブロックテストの模式図と実施状況
（日本雪崩ネットワーク，2009）

表 8.4 ルッチブロックテストにおける強度階級とデータコード

フィールドスコア	明らかなせん断破壊が起こるまでの荷重段階	データコード
1	掘る，カットするもしくはブロックが完全に独立する以前に，ブロックがスライドする．	RB 1
2	テスト実施者は上方からアプローチし，ブロック上部（後面から 35 cm 以内）に静かに乗り込む．	RB 2
3	テスト実施者は踵を上げず，膝を上下することによって下方に向かって荷重をかけ，表層の雪を圧縮するようにする．	RB 3
4	テスト実施者はジャンプを行い，同じ場所に着地する．	RB 4
5	テスト実施者は再びジャンプを行い，また同じ場所に着地する．	RB 5
6	・硬いあるいは厚いスラブの場合は，スキーやスノーボードを外してから，同じスポットでジャンプする． ・軟らかいあるいは薄いスラブのため，スキーを外してジャンプすると，そのスラブを踏み抜いてしまう場合は，スキーを着けたまま，さらに 35 cm 下方，ブロックのほぼ中央まで降り，膝の上下による荷重をもう一度行った後，3 回のジャンプを試みる．	RB 6
7	以上のいかなる荷重を試みても，斜面に平行かつ滑らかな破壊が起こらない．	RB 7

（日本雪崩ネットワーク，2009）

③ テスト実施者は踵を上げず,膝を上下することによって下方に向かって荷重をかけ,表層の雪を圧縮するようにする.ここでブロックがスライドするようであればRB 3と表記する.

④ テスト実施者はジャンプを行い,同じ場所に着地する.ここでブロックがスライドするようであればRB 4と表記する.

⑤ テスト実施者は再びジャンプを行い,また同じ場所に着地する.ここでブロックがスライドするようであればRB 5と表記する.

⑥ 踏み抜かない程度に硬いあるいは厚いスラブの場合:スキーやスノーボードを外し,同じスポットでジャンプする.軟らかいあるいは薄いスラブの場合:スキーを着けたまま,さらに35 cm下方,ブロックのほぼ中央まで降り,膝の上下による荷重をもう一度行った後,3回のジャンプを試みる.ここでブロックがスライドするようであればRB 6と表記する.

⑦ 以上のいかなる荷重を試みても,斜面に平行かつ滑らかな破壊が起こらない場合は,RB 7と表記する.

(2) リリースタイプ(表8.5)

テストにより動いたブロックの大きさと元のブロックの大きさとの比率を**表8.5**に従って区分する.動いたブロックの比率が大きいほど弱層の破壊の伝播が起こりやすく,より不安定な傾向を示す材料であるといわれている(Schweizer, 2002).

(3) 記録方法

〈データコード〉〈リリースタイプ〉〈破壊が起こった位置(cm)〉〈弱層の特徴(雪質,粒度,もしわかるなら埋没日)〉〈コメント〉の順で記

表8.5 ルッチブロックテストにおけるリリースタイプ

用語	説明	データコード
Whole block	ブロックの90-100 %が動いた.	WB
Most of block	ブロックの50-80 %が動いた.	MB
Edge of block	ブロックの10-40 %が動いた.	EB

※American Avalanche Association (2004) においてはショベルコンプレッションの項で示した破壊の特徴(Q 1:Sudden, Q 2:Resistant, Q 3:Break)を併記することが推奨されている.

(日本雪崩ネットワーク, 2009)

録する.

例:RB 4(MB) down 75 cm on SH 4.0 Jan 22

※〈破壊が起こった位置〉以後の記録方法は,8.3.4項と同様.

8.3.6 シアーフレームテスト(Shear Frame Test)

シアーフレームテストは,せん断有効面積の定まった金属枠(シアーフレーム)を用いて弱層のせん断強度(せん断強度指数:SFI)を計測するテストである.他のテストとは異なり,定量的な値を測定することができる.すなわち,

$$SFI(\mathrm{Pa}) = \frac{せん断抵抗力(\mathrm{N})}{シアーフレームのせん断有効面積(\mathrm{m}^2)} \quad (8.1)$$

また,これと同時に計測された弱層の上載積雪荷重から後述の安定度を算出することができる.ただし,シアーフレームテストは,実際の雪崩における歪み速度とは異なる速度で破壊させること,シアーフレームのサイズの影響が考えられることから,その計測結果は通常,せん断強度指数(Shear Frame Index, SFI)と呼ばれる.

シアーフレームテストについてはフレームのサイズや形状,安定度の計算方法についていくつかの方法が提案されているが,ここでは主に日本で一般的に実施されている方法(遠藤,2000)および北米において実践されている方法(American Avalanche Association, 2004;Canadian Avalanche Association, 2007)を紹介する.

(1) 必要な器具

シアーフレームテストに必要な機器は,以下の通りである(図8.5).

- シアーフレーム: せん断有効面積 0.025 m^2(図8.6)または 0.01 m^2 のものが一般的である.
- 張力計または置き針式のばね秤: フルスケール20 N程度のもの.
- スノーサンプラー: 円筒型スノーサンプラーが便利だが,角型サンプラー(100 cc)でも使用可能である(詳細は第4章参照).

(2) 実施手順(図8.7)

① 弱層テストおよび積雪断面観測により対象とする弱層を特定する.
② テストサイトを整える.シアーフレームテストの計測結果はばらつきが大きく,多数のテストが必要となる場合が多い.そのため,事前に必要な広さを考えた上でテストサイトを整える.

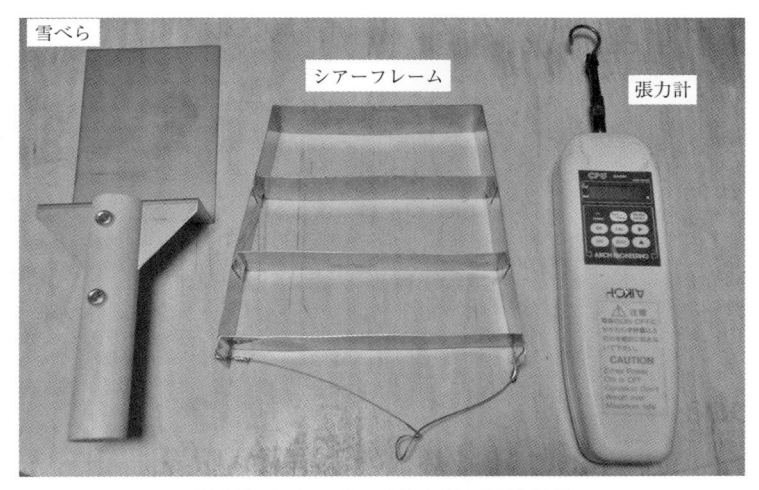

図 8.5 シアーフレームテストに必要な用具
密度計測用具については第 4 章を参照.

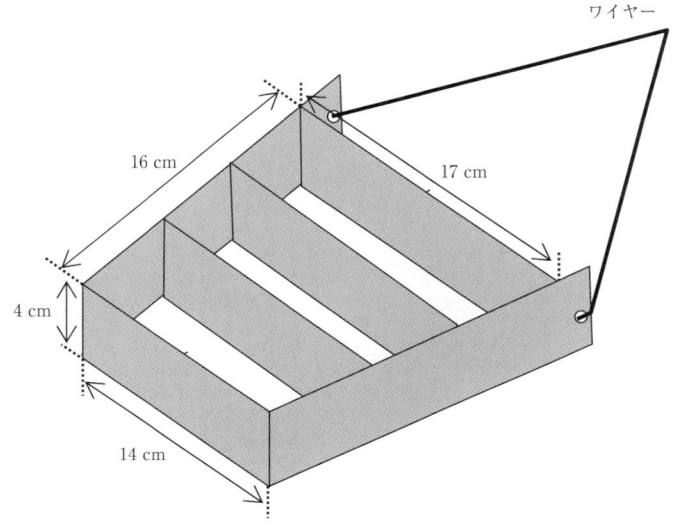

図 8.6 シアーフレーム（せん断有効面積 $0.025\,\text{m}^2$）

③ シアーフレームをセットする．注目する弱層の上の積雪をシアーフレームの高さよりも若干高く残して取り去る．シアーフレームを弱層の少し上（＜5 mm）まで差し込む．この際，弱層を破壊しないように慎重に作業を行う．

④ 雪べらでシアーフレーム周囲に沿って弱層まで切り込みを入れ，シアーフレームの領域の積雪を独立させる．

⑤ 張力計をシアーフレームのワイヤーにかけて引き，弱層を破壊することによって，せん断抵抗力を計測する．その際，引く速度は1〜3秒以内に破壊が起こる程度を目安とする．

⑥ ③〜⑤の手順を21回繰り返し，その中央値を採用する．ばらつきが小さい場合は数回の平均値でもよい．例えば，American Ava-

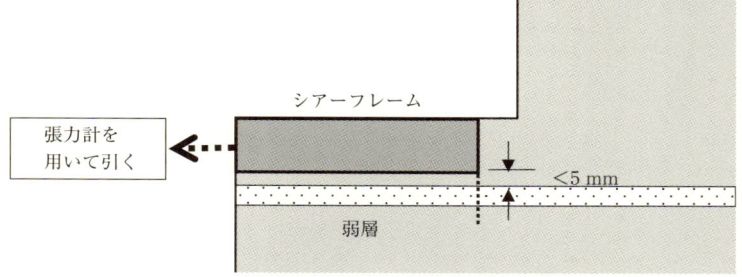

| シアーフレームの設置 | せん断抵抗力の計測 |

図 8.7 シアーフレームテストの模式図（断面図）と実施状況

写真で示した例（約 120×50 cm のテストサイト）で 10 回程度のテストが実施可能である．

lanche Association（2004）においては一般的に 7～12 回程度の平均値が用いられている．

(3) 安定度の算出方法とその解釈

安定度とは，対象とする弱層のせん断強度とそれに働くせん断応力の比を求めることによって積雪安定性評価の目安にしようというものである．せん断強度については，測定された SFI をそのまま用いる方法（例えば，Perla, 1977），フレームのサイズを考慮して補正するもの（例えば，Föhn, 1987b），鉛直荷重による内部摩擦抵抗を考慮したもの（例えば，Roch, 1966），せん断応力については，上載積雪荷重の斜面下方成分を用いるもの（例えば，Perla, 1977），人工的な荷重（スキーヤーや爆発物による）を考慮したもの（例えば，Föhn, 1987b），便宜的に平地で計測された上載荷重を用いるもの（Canadian Avalanche Association, 2007）など，数種類の安定度が提案されている．

① 安定度の算出方法

ここでは，日本においてこれまで一般的に使用されてきた SI：Stability Index（Perla, 1977）とカナダの一部の道路管理で使用されている SR：Stability Ratio（Canadian Avalanche Association, 2007）を紹介する．SI は，対象とする弱層の SFI をそれに働くせん断応力（上載積雪荷重の斜面下方成分）で除することにより求める．また，SR は，危険な雪崩斜面を避け，平地で測定できることに利点があり，上記のせん断応力のかわりに水平単位面積当たりの上載荷重そのものを用いる．すなわち，

$$SI = \frac{SFI(\mathrm{Pa})}{せん断応力(\mathrm{Pa})} \qquad (8.2)$$

$$SR = \frac{SFI(\mathrm{Pa})}{W(\mathrm{Pa})} \qquad (8.3)$$

ここで，せん断応力 $(\mathrm{Pa}) = W_n \sin\theta = W \sin\theta \cos\theta$，$W$：水平単位面積当たりの上載積雪荷重（Pa）（**図 8.8**），W_n：斜面と平行な単位面積当たりの上載積雪荷重（Pa）（図 8.8），θ：斜面勾配（°）である．

なお，せん断応力を求めるために，円筒型スノーサンプラーを用いる場合は W より W_n を計測するほうが容易である．これは，サンプラーを斜面に対して垂直に挿入することにより，雪面から弱層までの積雪を残らずサンプリングできるからである．角型サンプラー（100 cc）を用い

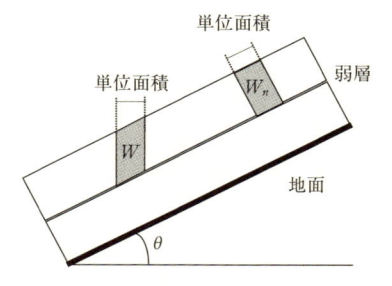

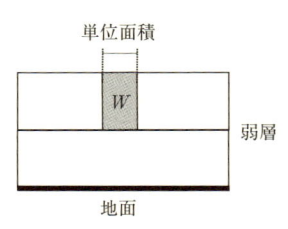

図 8.8 斜面上および平面上での単位面積当たりの上載荷重

る場合は，各層ごとの密度と厚さを計測し，両者からそれぞれの積雪荷重を求め，雪面から弱層まで累計する．

② 安定度の解釈について

前述のように，SFI は厳密な意味でのせん断強度ではない．そのため，安定度における雪崩発生臨界値は必ずしも 1 とはならず，実際に発生した雪崩における実測値を基に臨界値の検討が行われている．ペルラ（Perla, 1977）は 80 事例の雪崩における SI の算定結果として，最小値 0.19，平均値 1.66，最大値 6.4，標準偏差 0.98 を得ている．また，カナダのロジャーズパスにおける観測の経験から，0.01 m^2 のシアーフレームによる SR の臨界値として 1.5 が示されており，ロジャーズパスやクートニーパスにおいては目安の 1 つとして使用されている（Jamieson, 1995）．また，Jamieson, et al.（2007）は，定点の観測値を基に発生区の勾配を 38°と仮定して求めた安定度（Sn 38）と 20 km 程度の範囲の雪崩発生状況を対比した結果，自然発生の面発生乾雪表層雪崩の発生予測には安定度が低下傾向にあることが参考になると述べている．いずれにしても，安定度は他のテスト結果と同様に，数ある積雪安定性評価の材料の 1 つにすぎないということを留意しておく必要がある．

付　　録

I. 雪の結晶分類

　積雪の組織を形成している雪粒子あるいは氷結晶は，降雪や吹雪によって地表面，積雪表面に運ばれ堆積する．これらの雪結晶は時間とともに形を変えてゆくが，積雪表面に近いほど，また気温が低いほど，降雪時の結晶形が観察される．これを"新雪"（new snow, precipitation particles）と呼び「+」と表記する．

　新雪の下部分類として2つの方式が使われる．UNESCO, IACS（The International Association of Cryospheric Sciences, 2009）では**表I.1**のように9個の降雪結晶分類を提案している．2つめは日本でよく知られているMagono and Lee（1966）の分類である．**表I.2, I.3**に示すように80種類と詳細に分類している．

表I.1　雪結晶の国際分類表

Symbol	Subclass	Shape
▭	Columns（角柱）	Prismatic crystal, solid or hollow
↔	Needles（針）	Needle-like, approximately cylindrical
⬢	Plates（板）	Plate-like, mostly hexagonal
✶	Stellar & dendrites（星・樹枝）	Six-fold star-like, planar or spatial
⌒	Irregular crystals（不規則）	Clusters of very small crystals
⛆	Graupel（あられ（霰））	Heavily rimed particles, spherical, conical, hexagonal, or irregular in shape
▲	Hail（ひょう（雹））	Laminar internal structure, translucent or milky glazed surface
△	Ice pellets（凍雨）	Transparent, mostly small spheroids
∀	Rime（霜）	Irregular deposits or longer cones and needles pointing into the wind

（新雪「+」の下部分類，UNESCO, IACS, 2009）

表 I.2 雪結晶の分類表

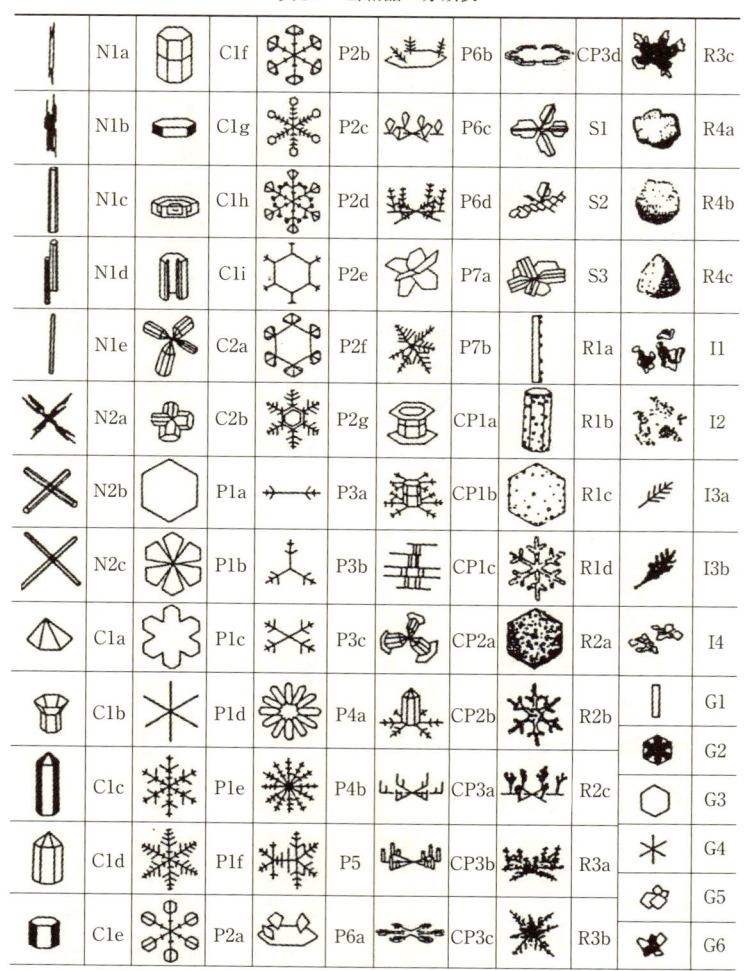

	N1a		C1f		P2b		P6b		CP3d		R3c
	N1b		C1g		P2c		P6c		S1		R4a
	N1c		C1h		P2d		P6d		S2		R4b
	N1d		C1i		P2e		P7a		S3		R4c
	N1e		C2a		P2f		P7b		R1a		I1
	N2a		C2b		P2g		CP1a		R1b		I2
	N2b		P1a		P3a		CP1b		R1c		I3a
	N2c		P1b		P3b		CP1c		R1d		I3b
	C1a		P1c		P3c		CP2a		R2a		I4
	C1b		P1d		P4a		CP2b		R2b		G1
	C1c		P1e		P4b		CP3a		R2c		G2
	C1d		P1f		P5		CP3b		R3a		G3
											G4
	C1e		P2a		P6a		CP3c		R3b		G5
											G6

(Magono and Lee, 1966)

雪の結晶分類

98

表 I.3 雪結晶の分類（名称）

名称			名称		
N 針状結晶	1. 単なる針	a. 巣針 b. 束状針 c. 巣鞘 d. 束状鞘 e. 針状角柱	CP 角柱・板状組合せ	1. 鼓型結晶	a. 角板付角柱 b. 樹枝付角柱 c. 段々鼓
	2. 針状結晶組合せ	a. 針組合せ b. 鞘組合せ c. 針状角柱組合せ		2. 砲弾・板状組合せ	a. 角板付砲弾 b. 樹枝付砲弾
C 角柱状結晶	1. 単なる角柱	a. ピラミッド b. 盃 c. 無垢砲弾 d. 中空砲弾 e. 無垢角柱 f. 中空角柱 g. 無垢厚板 h. 骸晶 i. 渦巻		3. 縁高結晶	a. 針付六花 b. 角柱付六花 c. 渦巻付六花 d. 渦巻付角板
			S 側面結晶	1. 側面結晶 2. 鱗形側面結晶 3. 側面, 砲弾, 角柱の不規則集合	
	2. 角柱組合せ	a. 砲弾集合 b. 角柱集合	R 雲粒付結晶	1. 雲粒付結晶	a. 雲粒付針状結晶 b. 雲粒付角柱状結晶 c. 雲粒付角板 d. 雲粒付六花
P 板状結晶	1. 正規六花	a. 角板 b. 扇形 c. 広幅六花 d. 星状六花 e. 普通樹枝 f. 羊歯状六花		2. 濃密雲粒付結晶	a. 濃密雲粒付角板 b. 濃密雲粒付六花 c. 雲粒付立体六花
				3. 霰状雪	a. 六花霰状雪 b. 塊状霰状雪 c. 枝付霰状雪
	2. 変遷六花	a. 角板付六花 b. 扇形付六花 c. 角板付樹枝 d. 扇形付樹枝 e. 枝付角板 f. 扇形付角板 g. 樹枝付角板		4. 霰	a. 六花霰 b. 塊状霰 c. 紡錘状霰
			I 不定形	1. 氷粒 2. 雲粒付雪粒 3. 結晶破片 4. その他	a. 枝破片 b. 雲粒付破片
	3. 不規則六花	a. 二花 b. 三花 c. 四花	G 初期結晶	1. 小角柱 2. 初期骸晶 3. 小角板 4. 小六花 5. 小角板集合 6. 小不規則結晶	
	4. 十二花	a. 広幅十二花 b. 樹枝十二花			
	5. 畸形				
	6. 立体型	a. 立体扇形付角板 b. 立体樹枝付角板 c. 立体扇形付樹枝 d. 立体樹枝付樹枝			
	7. 放射型	a. 放射角型 b. 放射樹型			

(Magono and Lee, 1966)

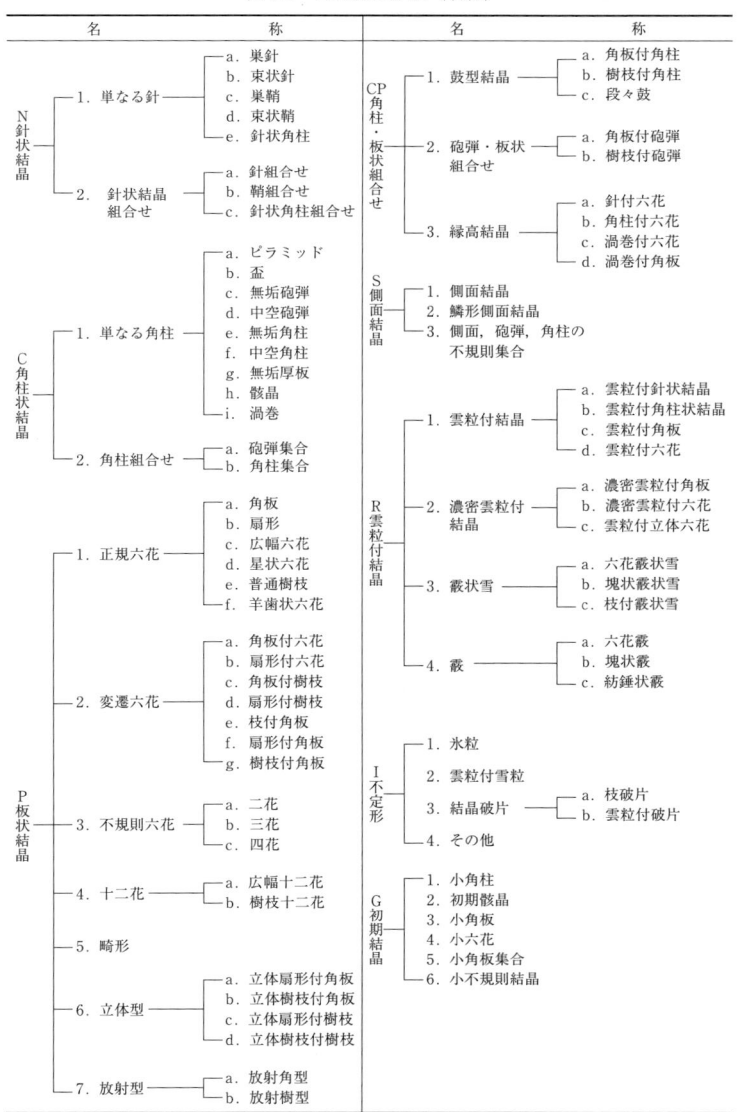

Ⅱ. 雪質分類

現在国内で用いられている雪質分類は，日本雪氷学会によって 1998 年に定められた．積雪の変態過程に基づいて決定された 9 種類の雪質の名称・記号と大まかな説明を**表Ⅱ.1** に，さらにそれぞれの代表的な写真を末尾に示す．

国際的には，1985 年に IAHS（International Association of Scientific Hydrology）の下部機関である ICSI（International Commission on Snow and Ice）に積雪分類のワーキンググループが設置され，1990 年に "The International Classification for Seasonal Snow on the Ground" が印刷公表された．先に示した日本の分類もこの国際分類にほぼ準拠しているが，ICSI による後者は 9 つの大項目（Basic classification）に加えて 32 の小項目（Subclass）を持つほか，英語の表記も表Ⅱ.1 とは必ずしも一致していないので注意が必要である．

一方，2003 年になって，この国際分類の見直しを目的とした組織が ICSI の下に結成され，その後 IUGG（International Union of Geodesy and Geophysics）の IACS（International Association of Cryospheric Sciences）に引き継がれ検討が進められた．その結果は，UNESCO の Technical Documents in Hydrology シリーズから "The International Classification for Seasonal Snow on the Ground" として 2009 年に刊行，またウェブサイト（http://unesdoc.unesco.org/）においても公開されている．この新国際分類の大項目を**表Ⅱ.2** に示す．大きな変更点は以下の通りである．

① 1 から 9 の数字で表現されていた雪質を，表Ⅱ.2 のように頭文字を用いた略称で表す．例えば，
　　Precipitation Particles → PP
　　Rounded Grains → RG
② 雪質の呼称が一部変更された．
　　Wet grains → Melt Forms（MF）
　　Feathery crystals → Surface Hoar（SH）
　　Ice masses → Ice Formations（IF）
③ これまで日本の分類と同様に大項目にあったクラストが，生成要

表 II.1 積雪の分類

雪質：grain shape		graphic symbol	説　明
日本語名	英語名	記号	
新雪	new snow	+	降雪の結晶形が残っているもの．みぞれやあられを含む．結晶形が明瞭ならその形（樹枝など）や雲粒の有無を，また大粒のあられも保存され指標となるので付記することが望ましい．
こしまり雪	lightly compacted snow	/	新雪としまり雪の中間．降雪結晶の形は殆ど残っていないがしまり雪にはなっていないもの．
しまり雪	compacted snow	●	こしまり雪がさらに圧密と焼結によってできた丸みのある氷の粒．粒は互いに網目状につながり丈夫．
ざらめ雪	granular snow	○	水を含んで粗大化した丸い氷の粒や，水を含んだ雪が再凍結した大きな丸い粒が連なったもの．
こしもざらめ雪	solid-type depth hoar	□	小さな温度勾配の作用でできた平らな面を持った粒．板状，柱状がある．元の雪質により大きさはさまざま．
しもざらめ雪	depth hoar	∧	骸晶（コップ）状の粒からなる．大きな温度勾配の作用により，元の雪粒が霜に置き換わったもの．著しく硬いものもある．
氷板	ice layer	—	板状の氷．地表面や層の間にできる．厚さはさまざま．
表面霜	surface hoar	∨	空気中の水蒸気が表面に凝結してできた霜．大きなものは，羊歯状のものが多い．放射冷却で表面が冷えた夜間に発達する．
クラスト	crust	∀	表面近傍にできる薄い硬い層．サンクラスト，レインクラスト，ウィンドクラストなどがある．

（日本雪氷学会，1998）

表 II.2　雪質の新国際分類

Class	Symbol	Code
Precipitation Particles	+	PP
Machine Made snow	◎	MM
Decomposing and Fragmented Precipitations Particles	/	DF
Rounded Grains	●	RG
Faceted Crystals	□	FC
Depth Hoar	∧	DH
Surface Hoar	∨	SH
Melt Forms	○	MF
Ice Formations	■	IF

(UNESCO, 2009)

因別に subclass に振り分けられた．例えば，ざらめ雪が凍ってできたクラストは，Melt Forms の Melt-freeze crust として分類される．

④　新たにスキー場などで使用される人工雪（Machine Made snow, MM）が大分類に加わった．

subclass の数も 37 に増加したほか，Crocus や Snowpack に代表される積雪変質モデルの出力を統一する目的もあって，大分類に示された雪質のカラー（グレー）コードも定められた．このほか "The International Classification for Seasonal Snow on the Ground" には，積雪観測のガイドライン，専門用語の解説とフランス語，スペイン語，ロシア語，ドイツ語の対応表も掲載されている．

積雪粒子の写真（日本雪氷学会，1998）

新雪

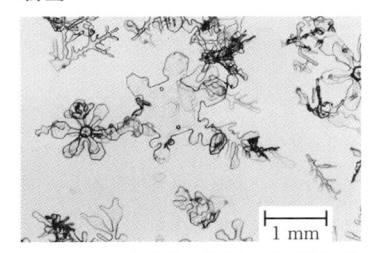

少し時間が経ち先端が丸くなった広幅六花

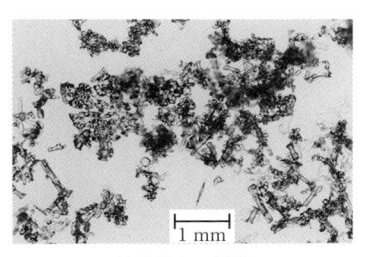

雲粒付きの新雪

こしまり雪

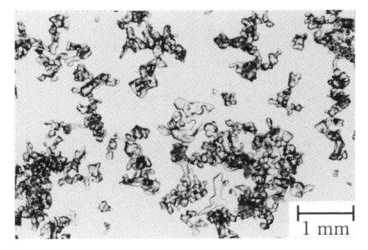

雲粒が残っているもの

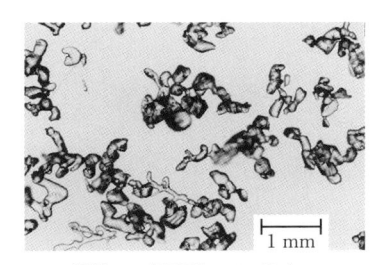

樹枝の一部が残っているもの

しまり雪

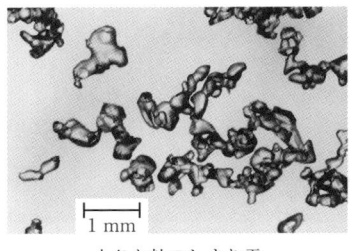

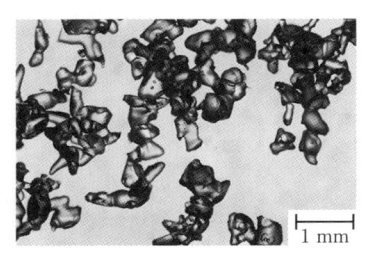

小さな粒のしまり雪

典型的なしまり雪

水を含んだざらめ雪

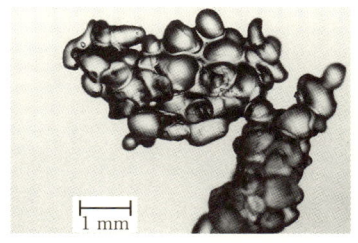

ぬれて間もない小さな粒の集合したもの（水を吸い取って撮影）

乾いた（凍った）ざらめ雪

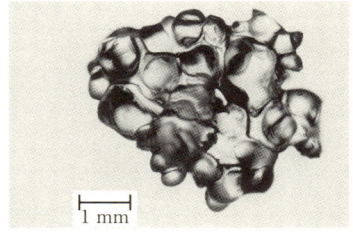

大きな粒が集合している．ぬれたざらめ雪に比べ粒の表面がなめらかではない

こしもざらめ雪

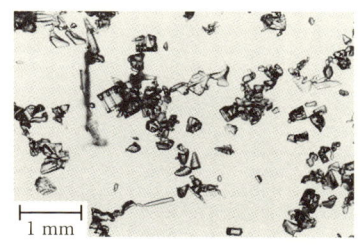

新雪から変態したもの

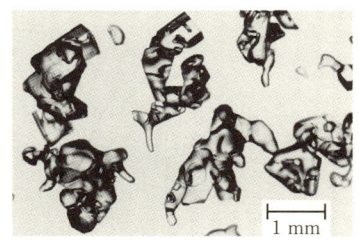

しまり雪から変態したもの

しもざらめ雪

新雪から変態したもの

発達したしもざらめ雪の粒をばらばらにしたもの

雪質分類

表面霜

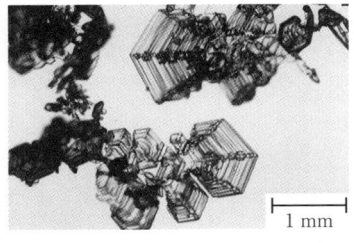

形成直後のもので輪郭がシャープである

サンクラスト

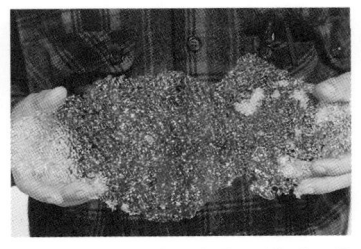

表面のクラスト(薄い板状の氷)をはぎ取ったもの(撮影:尾関俊浩)

ウインドクラスト

人が歩いたときの破壊の様子

(表記以外の撮影:秋田谷英次)

付録 II

III. 雪崩分類

　雪崩は「いったん斜面上に積もった雪が，重力の作用により，肉眼で識別し得るほどの速さで移動する自然現象」と定義される（日本雪氷学会，1990）．一般に，雪崩は人里離れた場所で発生することが多く，人命救助や復旧作業が最優先となることから，雪崩そのものについての正確な記録が残らないことも少なくない．雪崩分類は，観察した雪崩を正確に記録することにより，雪崩現象をよく理解するために有益である．

　雪崩跡をいくつか観察すると，発生区，滑走区および堆積区の3つに区分できることがわかる（図III.1）．ただし，小規模の雪崩には発生区と堆積区だけしか見られないものもある．以下の雪崩分類ではこれらの区分や運動の形態により記述する．なお，それぞれの代表的な雪崩の写真を末尾に示す．

III.1　日本の雪崩分類
III.1.1　発生形態による分類

　日本雪氷学会の雪崩分類は，雪崩発生の形，雪崩層（始動積雪）の乾湿およびすべり面の位置の3項目により分類する．1998年の見直しによ

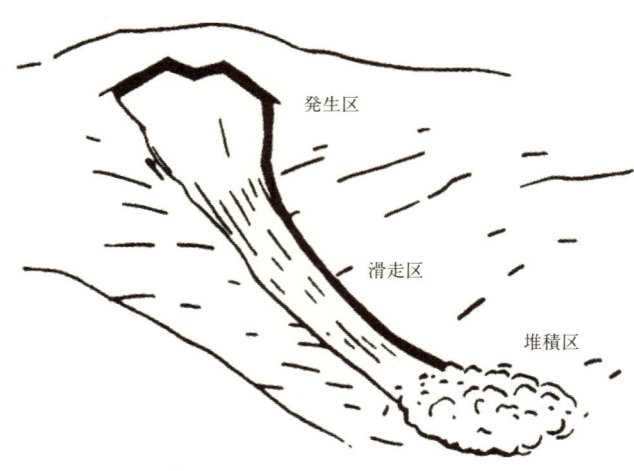

図III.1　雪崩跡の区分（遠藤，2000）

表Ⅲ.1 雪崩の分類名称

雪崩分類の要素	区分名	定　義
雪崩発生の形	点発生	一点からくさび状に動き出す．一般に小規模．
	面発生	かなり広い面積にわたりいっせいに動き出す．一般に大規模．
雪崩層（始動積雪）の乾湿	乾雪	発生域の雪崩層（始動積雪）が水気を含まない．
	湿雪	発生域の雪崩層（始動積雪）が水気を含む．
雪崩層（始動積雪）のすべり面の位置	表層	すべり面が積雪内部にある．
	全層	すべり面が地面となっている．

表記方法：上から順に点発生湿雪全層雪崩，面発生乾雪表層雪崩などと記述する．一部が不明の場合は，面発生全層雪崩などと，不明な区分名を省略することができる．

（日本雪氷学会，1998）

表Ⅲ.2 日本の雪崩分類

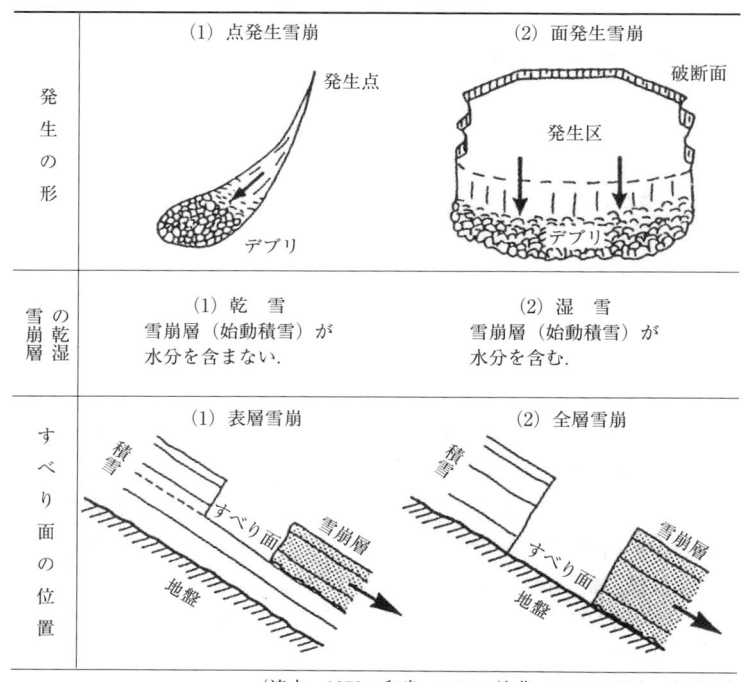

発生の形	(1) 点発生雪崩 発生点／デブリ	(2) 面発生雪崩 破断面／発生区／デブリ
雪崩層の乾湿	(1) 乾　雪 雪崩層（始動積雪）が水分を含まない．	(2) 湿　雪 雪崩層（始動積雪）が水分を含む．
すべり面の位置	(1) 表層雪崩 積雪／すべり面／雪崩層／地盤	(2) 全層雪崩 積雪／すべり面／雪崩層／地盤

（清水，1979；和泉，1991；遠藤，2000 の図を一部変更）

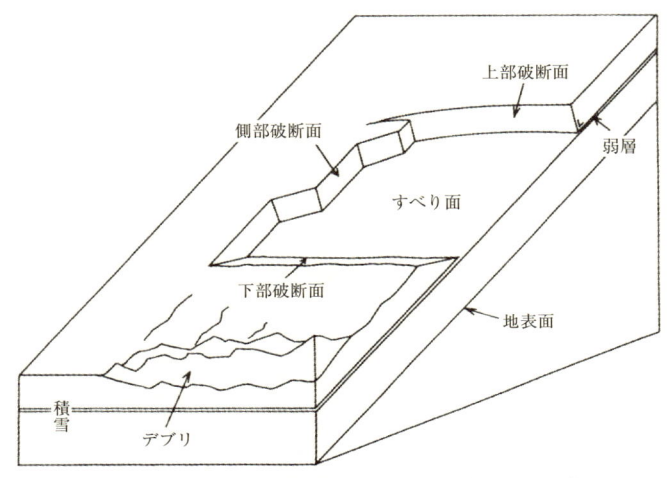

図 Ⅲ.2 雪崩発生区における各部分の名称（遠藤，2000）

り，それまでの分類にはなかった点発生全層雪崩が追加され，3項目すべての組み合わせで8種類となった（**表 Ⅲ.1**，**表 Ⅲ.2**）．また，その他の雪崩現象として，スラッシュ雪崩などが新たに加えられた．なお，図 Ⅲ.2 には面発生表層雪崩の場合の発生区における各部分の名称を示した（遠藤，2000）．

Ⅲ.1.2 その他の雪崩現象

その他の雪崩現象として次のものがある．

① スラッシュ雪崩： 大量の水を含んだ雪が流動する現象．同様の現象で主に渓流内を流下するものは「雪泥流」という．
② 氷河雪崩・氷雪崩： 氷河氷が崩壊，または急激なすべりを起こし，それが落下して引き起こす現象．
③ ブロック雪崩： 雪庇・雪渓などの雪塊が崩落する現象．
④ 法面雪崩： 鉄道や道路などで，角度を一定して切り取った人工斜面（法面）の積雪が崩落する現象．
⑤ 屋根雪崩： 屋根雪が崩落する現象．

Ⅲ.1.3 運動形態による分類

雪崩をその運動形態から分類する方法である．運動形態は主に雪崩の

規模により変化するが（納口，1998），ここでは視覚的に識別しやすい雪煙の有無により分類する．

① 流れ型： 大雪煙をあげずに流れるように流下する．
② 煙型： 大雪煙をあげて流下する．
③ 混合型： ①と②の両方を含む．

Ⅲ.2 国際雪崩分類

国際雪崩分類は，国際雪氷委員会（ICSI）に属する雪崩分類作業委員会により 1973 年に提案されたものである（清水，1979）．雪崩の発生区，滑走区および堆積区の事象を形態学的に A〜H の分類基準に従って記述し，自然雪崩か誘発雪崩かの分類（J）も含まれている．この雪崩分類はユネスコにより 5 カ国語に翻訳されて発行された（UNESCO，1981）．**表Ⅲ.3，表Ⅲ.4** に和文および英文名称を示した．

Ⅲ.3 その他の分類
Ⅲ.3.1 雪崩の規模による分類

Ⅲ.1.3 の運動形態による分類と密接な関連があるが，最初カナダで使用された雪崩の規模により分類する方法である（McClung and Schaerer，2006）．**表Ⅲ.5** に各階級に対応する典型的な質量，走路長および衝撃力を示した．

Ⅲ.3.2 雪崩関連機関による分類

上述のⅢ.2 に示した国際分類は，雪崩をできるだけ詳細に表現しようとするものであるが，レスキューやスキーパトロール隊員が救助の合間に記述するにはいささか煩雑なことは否めない．そこで，米国雪崩協会（American Avalanche Association），カナダ雪崩協会（Canadian Avalanche Association），日本雪崩ネットワーク（Japan Avalanche Network）などでは，より簡略化した独自の雪崩分類を用いている（各ホームページを参照）．

表 Ⅲ.3　形態学的国際雪崩分類

領域	分類基準	特徴および名称		複合
発生区	A. 発生形態	A1 一点から発生 　　（点発生雪崩）	A2 一線から発生 　　（面発生雪崩）	A7
			A3 軟雪 A4 硬雪	
	B. すべり面の位置	B1 積雪内部 　　（表層雪崩） B2 新雪の破壊による B3 旧雪の破壊による	B4 地面 　　（全層雪崩）	B8 } B7
	C. 雪の含水状態	C1 水気を含まない 　　（乾雪雪崩）	C2 水気を含む 　　（湿雪雪崩）	C7
滑走区	D. 経路の形態	D1 開放斜面	D2 谷，沢	D7
	E. 運動形態	E1 雪煙をあげる 　　（煙型雪崩）	E2 基盤上を流れる 　　（流れ型雪崩）	E7
堆積区	F. デブリの表面状態	F1 粗い雪の堆積物 F2 角ばった雪塊 F3 丸まった雪塊	F4 細かな雪の堆積物	F7
	G. 堆積時のデブリの含水状態	G1 水気を含まない	G2 水気を含む	G7
	H. デブリの汚れ方	H1 見かけ上汚れていない	H2 汚れている H3 岩や土砂が混入 H4 木や枝が混入 H5 破壊した構造物が混入	H7
―	J. 発生要因	J1 自然雪崩	J2 誘発雪崩 J3 不作為 J4 意図的	

表記方法 1
```
A B C D E F G H J　備考：
3 9 0 7 0 0 0 4 0　B9：吹き溜まりが崩落した．
```
表記方法 2
　D7，A3，H4，B9（B9：吹き溜まりが崩落）

注）0 は不明または不適合を意味する．
　　9 は特記事項を意味し，欄外にそれを記入する．

（清水，1979；遠藤，2000 を一部変更）

表Ⅲ.4 国際雪崩分類の英文表記

Criterion / Characteristics	Criterion	Characteristics pure	mixed
Manner of starting	A		
Loose snow avalanche		1	
Slab avalanche (general)		2	7
Slab avalanche soft		3	
Slab avalanche hard		4	
Position of sliding surface	B		
Surface-layer avalanche (general)		1	
Surface-layer avalanche, new snow fracture		2	8, 7
Surface-layer avalanche, old snow fracture		3	
Full-depth avalanche		4	
Liquid water in snow at fracture	C		
Absent : dry-snow avalanche		1	7
Present : wet-snow avalanche		2	
Form of path	D		
Unconfind avalanche		1	7
Channelled avalanche		2	
Form of movement	E		
Powder avalanche (dominant)		1	7
Flow avalanche (dominant)		2	
Surface roughness of deposit	F		
Coarse deposit (general)		1	
Coarse deposit angular blocks		2	7
Coarse deposit rounded clods		3	
Fine deposit		4	
Liquid water in deposit	G		
Absent : dry deposit		1	7
Present : wet deposit		2	
Contamination of deposit	H		
Clean deposit		1	
Contaminated deposit (general)		2	7
Contaminated by rock, debris, soil		3	
Contaminated by branches, trees		4	8
Contaminated by debris of structures		5	
Triggering mechanism[1]	J		
Natural release		1	
Human release (general)		2	
Human release, accidental		3	
Human release, intentional		4	

[1] This criterion is an element of the genetic classification. Since the triggering mechanism within the given alternatives is known in most cases and is important for many problems, it is added to the morphological code.

(UNESCO, 1981)

表 Ⅲ.5 雪崩の規模による分類

大きさ	内容	質量 (t)	走路長 (m)	衝撃力 (kPa)
1	人にはほとんど被害なし	<10	10	1
2	人を埋めたり傷つけたり，死なせることがある	10^2	100	10
3	車を埋めたり，小さな建物を壊したり，数本の立木を折ることがある	10^3	1000	100
4	汽車や大型トラックを壊したり，いくつかの建物や4 ha以下の森林を破壊することがある	10^4	2000	500
5	今まで知られている最も大きな雪崩；一つの村や40 haの森林を破壊することがある	10^5	3000	1000

(遠藤，2000)

雪崩分類

(1) 発生形態による分類

図Ⅲ.3 点発生湿雪表層雪崩
(A1, B1, C2)*

* ( ) 内は国際雪崩分類による記載例.

図Ⅲ.4 面発生乾雪表層雪崩
(A2, B1, C1, J2)

図Ⅲ.5 面発生乾雪表層雪崩
(A2, B1, C1)(撮影:林智加子)

図Ⅲ.6 面発生全層雪崩 (A2, B4)

図Ⅲ.7 面発生表層雪崩
(A2, B1, D1, F1, H1)
(撮影：町田誠)

図Ⅲ.8 面発生全層雪崩
(A2, B4, F1, H3)
(撮影：町田誠)

(2) 運動形態による分類

雪崩分類

図Ⅲ.9 流れ型雪崩 (E2)

図Ⅲ.10 煙型雪崩 (E1) (撮影：姜逢清)

(3) その他の雪崩現象

図Ⅲ.11 スラッシュ雪崩（A1, B4, C2, D1）
（撮影：安間荘）

図Ⅲ.12 雪泥流（C2, D2, H3）

図Ⅲ.13 雪泥流（C2, H3）（撮影：小林俊一）

付録Ⅲ

(4) 堆積区（デブリ）

図Ⅲ.14 丸い雪塊（F2, G2, H2）

図Ⅲ.15 細かい雪の堆積物（F4, G1, H4）

図Ⅲ.16 雪泥流のデブリ（F3, G2, H3）
　　　　（撮影：町田誠）

付表1.1　水の飽和蒸気圧表

(単位：hPa)

温度(℃)	0.0	0.1	0.2	0.3	0.4	0.5	0.6	0.7	0.8	0.9
20	23.37	23.52	23.66	23.81	23.96	24.10	24.25	24.40	24.55	24.71
19	21.96	22.10	22.24	22.38	22.52	22.66	22.80	22.94	23.08	23.23
18	20.63	20.76	20.89	21.02	21.15	21.29	21.42	21.55	21.69	21.83
17	19.37	19.49	19.61	19.74	19.86	19.99	20.11	20.24	20.37	20.50
16	18.17	18.29	18.40	18.52	18.64	18.76	18.88	19.00	19.12	19.24
15	17.04	17.15	17.26	17.37	17.49	17.60	17.71	17.83	17.94	18.06
14	15.98	16.08	16.18	16.29	16.39	16.50	16.61	16.72	16.82	16.93
13	14.97	15.07	15.16	15.26	15.36	15.46	15.56	15.67	15.77	15.87
12	14.02	14.11	14.20	14.30	14.39	14.48	14.58	14.68	14.77	14.87
11	13.12	13.21	13.29	13.38	13.47	13.56	13.65	13.74	13.83	13.92
10	12.27	12.35	12.44	12.52	12.60	12.69	12.77	12.86	12.94	13.03
9	11.47	11.55	11.63	11.71	11.79	11.87	11.95	12.03	12.11	12.19
8	10.72	10.79	10.87	10.94	11.02	11.09	11.17	11.24	11.32	11.40
7	10.01	10.08	10.15	10.22	10.29	10.36	10.43	10.50	10.58	10.65
6	9.35	9.41	9.48	9.54	9.61	9.67	9.74	9.81	9.88	9.94
5	8.72	8.78	8.84	8.90	8.96	9.03	9.09	9.15	9.22	9.28
4	8.13	8.19	8.24	8.30	8.36	8.42	8.48	8.54	8.60	8.66
3	7.57	7.63	7.68	7.74	7.79	7.85	7.90	7.96	8.01	8.07
2	7.05	7.10	7.16	7.21	7.26	7.31	7.36	7.41	7.47	7.52
1	6.57	6.61	6.66	6.71	6.76	6.81	6.85	6.90	6.95	7.00
0	6.11	6.15	6.20	6.24	6.29	6.33	6.38	6.42	6.47	6.52

過冷却

(単位：hPa)

温度(℃)	0.0	0.1	0.2	0.3	0.4	0.5	0.6	0.7	0.8	0.9
−0	6.11	6.06	6.02	5.98	5.93	5.89	5.85	5.80	5.76	5.72
−1	5.68	5.64	5.59	5.55	5.51	5.47	5.43	5.39	5.35	5.31
−2	5.27	5.24	5.20	5.16	5.12	5.08	5.05	5.01	4.97	4.93
−3	4.90	4.86	4.82	4.79	4.75	4.72	4.68	4.65	4.61	4.58
−4	4.54	4.51	4.48	4.44	4.41	4.38	4.34	4.31	4.28	4.25
−5	4.21	4.18	4.15	4.12	4.09	4.06	4.03	4.00	3.97	3.94
−6	3.91	3.88	3.85	3.82	3.79	3.76	3.73	3.70	3.67	3.65
−7	3.62	3.59	3.56	3.53	3.51	3.48	3.45	3.43	3.40	3.37
−8	3.35	3.32	3.30	3.27	3.25	3.22	3.19	3.17	3.15	3.12
−9	3.10	3.07	3.05	3.02	3.00	2.98	2.95	2.93	2.91	2.88
−10	2.86	2.84	2.82	2.80	2.77	2.75	2.73	2.71	2.69	2.66

(気象庁, 1973)

付表 1.2 氷の飽和蒸気圧表

(単位：hPa)

温度(℃)	0.0	0.1	0.2	0.3	0.4	0.5	0.6	0.7	0.8	0.9
−0	6.11	6.06	6.01	5.96	5.91	5.86	5.81	5.76	5.72	5.67
−1	5.62	5.58	5.53	5.48	5.44	5.39	5.35	5.30	5.26	5.22
−2	5.17	5.13	5.09	5.04	5.00	4.96	4.92	4.88	4.84	4.80
−3	4.76	4.72	4.68	4.64	4.60	4.56	4.52	4.48	4.45	4.41
−4	4.37	4.33	4.30	4.26	4.22	4.19	4.15	4.12	4.08	4.05
−5	4.01	3.98	3.95	3.91	3.88	3.85	3.81	3.78	3.75	3.72
−6	3.68	3.65	3.62	3.59	3.56	3.53	3.50	3.47	3.44	3.41
−7	3.38	3.35	3.32	3.29	3.26	3.24	3.21	3.18	3.15	3.12
−8	3.10	3.07	3.04	3.02	2.99	2.96	2.94	2.91	2.89	2.86
−9	2.84	2.81	2.79	2.76	2.74	2.71	2.69	2.67	2.64	2.62
−10	2.60	2.57	2.55	2.53	2.51	2.48	2.46	2.44	2.42	2.40
−11	2.38	2.35	2.33	2.31	2.29	2.27	2.25	2.23	2.21	2.19
−12	2.17	2.15	2.13	2.11	2.09	2.08	2.06	2.04	2.02	2.00
−13	1.98	1.97	1.95	1.93	1.91	1.90	1.88	1.86	1.84	1.83
−14	1.81	1.79	1.78	1.76	1.75	1.73	1.71	1.70	1.68	1.67
−15	1.65	1.64	1.62	1.61	1.59	1.58	1.56	1.55	1.53	1.52
−16	1.51	1.49	1.48	1.46	1.45	1.44	1.42	1.41	1.40	1.38
−17	1.37	1.36	1.35	1.33	1.32	1.31	1.30	1.28	1.27	1.26
−18	1.25	1.24	1.22	1.21	1.20	1.19	1.18	1.17	1.16	1.15
−19	1.14	1.12	1.11	1.10	1.09	1.08	1.07	1.06	1.05	1.04
−20	1.03	1.02	1.01	1.00	0.99	0.98	0.97	0.96	0.96	0.95
−21	0.94	0.93	0.92	0.91	0.90	0.89	0.88	0.88	0.87	0.86
−22	0.85	0.84	0.83	0.83	0.82	0.81	0.80	0.79	0.79	0.78
−23	0.77	0.76	0.76	0.75	0.74	0.73	0.73	0.72	0.71	0.71
−24	0.70	0.69	0.68	0.68	0.67	0.66	0.66	0.65	0.64	0.64
−25	0.63	0.63	0.62	0.61	0.61	0.60	0.60	0.59	0.58	0.58
−26	0.57	0.57	0.56	0.55	0.55	0.54	0.54	0.53	0.53	0.52
−27	0.52	0.51	0.51	0.50	0.50	0.49	0.49	0.48	0.48	0.47
−28	0.47	0.46	0.46	0.45	0.45	0.44	0.44	0.43	0.43	0.43
−29	0.42	0.42	0.41	0.41	0.40	0.40	0.40	0.39	0.39	0.38
−30	0.38	0.38	0.37	0.37	0.36	0.36	0.36	0.35	0.35	0.35

(気象庁，1973)

付表1.3 通風乾湿計用湿度表

(単位:%)

湿球 $t'(℃)$	氷結しないとき:乾球と湿球との差 $(t-t')$ (℃)																				
	0.0	0.2	0.4	0.6	0.8	1.0	1.2	1.4	1.6	1.8	2.0	2.2	2.4	2.6	2.8	3.0	3.5	4.0	4.5	5.0
30	100	99	97	96	94	93	92	90	89	88	86	85	84	83	82	80	77	75	72	69
28	100	99	97	96	94	93	91	90	89	87	86	85	83	82	81	80	77	74	71	68
26	100	98	97	95	94	92	91	90	88	87	85	84	83	81	80	79	76	73	70	67
24	100	98	97	95	94	92	91	89	88	86	85	83	82	81	79	78	75	72	69	66
22	100	98	97	95	93	92	90	89	87	86	84	83	81	80	78	77	74	71	68	65
20	100	98	96	95	93	91	90	88	86	85	83	82	80	79	77	76	73	69	66	63
18	100	98	96	94	93	91	89	87	86	84	83	81	79	78	76	75	71	68	65	62
16	100	98	96	94	92	90	89	87	85	83	82	80	78	77	75	74	70	66	63	60
14	100	98	96	94	92	90	88	86	84	82	81	79	77	75	74	72	68	64	61	57
12	100	98	96	93	91	89	87	85	83	81	79	77	76	74	72	70	66	62	59	55
10	100	98	95	93	91	88	86	84	82	80	78	76	74	72	70	69	64	60	56	52
8	100	97	95	92	90	88	85	83	81	79	76	74	72	70	68	66	62	57	53	49
6	100	97	94	92	89	87	84	82	79	77	75	72	70	68	66	64	59	54	50	46
4	100	97	94	91	88	86	83	80	78	75	73	70	68	66	63	61	56	51	46	42
2	100	97	93	91	87	84	81	78	76	73	70	68	65	63	60	58	52	47	42	37
0	100	96	93	89	86	83	80	76	73	70	67	65	62	59	57	54	48	42	37	31
-2	100	96	92	88	85	81	78	74	71	68	64	61	58	55	52	50	43	37	31	25
-4	100	95	91	87	83	79	75	71	68	64	61	57	54	51	48	45	37	30	24	18
-6	100	95	90	86	81	77	72	68	64	60	56	53	49	45	42	39	30	23	16	10
-8	100	95	89	84	79	74	69	64	60	56	51	47	43	39	35	32	23	14	7	
-10	100	94	88	82	76	71	65	60	55	50	45	40	36	32	27	23	13	4		

湿球 $t'(℃)$	氷結したとき:乾球と湿球との差 $(t-t')$ (℃)																				
	0.0	0.2	0.4	0.6	0.8	1.0	1.2	1.4	1.6	1.8	2.0	2.2	2.4	2.6	2.8	3.0	3.5	4.0	4.5	5.0
-0	100	97	93	90	87	84	81	78	75	72	70	67	65	62	60	57	51	46	41	36
-2	98	94	91	88	84	81	78	74	71	68	65	62	60	57	54	52	46	40	35	29
-4	96	92	88	85	81	77	74	70	67	64	61	57	54	52	49	46	39	33	27	22
-6	94	90	86	81	77	74	70	66	62	59	55	52	49	45	42	39	32	25	19	13
-8	92	88	83	78	74	69	65	61	57	53	49	46	42	38	35	32	24	16	10	3
-10	91	85	80	75	70	65	60	55	51	47	42	38	34	30	27	23	14	6		
-12	89	83	77	71	65	60	54	49	44	40	35	30	25	21	17	13	3			
-14	87	80	73	67	60	54	48	42	37	31	26	21	16	11	6	1				
-16	86	78	70	62	55	48	41	34	28	22	16	10	4							
-18	84	75	66	57	49	41	33	25	18	11	4									
-20	82	72	61	52	42	32	23	15	6											
-22	81	69	56	45	34	23	12	2												
-24	79	65	51	37	24	11														
-26	78	61	44	28	13															
-28	76	56	36	18																
-30	75	50	27	5																

(気象庁, 1973)

付表 1.4 風力階級表

風力階級	相当風速* (ms^{-1})	陸　　上
0	0.0 から 0.3 未満	静穏，煙はまっすぐ上る．
1	0.3 以上 1.6 未満	風向は，煙がなびくのでわかるが風見には感じない．
2	1.6 以上 3.4 未満	顔に風を感じる．木の葉が動く．風見も動き出す．
3	3.4 以上 5.5 未満	木の葉や細い小枝が絶えず動く．軽い旗が開く．
4	5.5 以上 8.0 未満	砂ぼこりが立ち，紙片が舞い上がる．小枝が動く．
5	8.0 以上 10.8 未満	葉のあるかん木が揺れ始める．池や沼の水面に波がしらが立つ．
6	10.8 以上 13.9 未満	大枝が動く．電線が鳴る．傘はさしにくい．
7	13.9 以上 17.2 未満	樹木全体がゆれる．風に向かっては歩きにくい．
8	17.2 以上 20.8 未満	小枝が折れる．風に向かっては歩けない．
9	20.8 以上 24.5 未満	人家にわずかの損害が起こる（煙突が倒れ，屋根材がはがれる）．
10	24.5 以上 28.5 未満	陸地の内部ではめずらしい．樹木が根こそぎになる．人家に大損害が起こる．
11	28.5 以上 32.7 未満	めったに起こらない．広い範囲の破壊を伴う．
12	32.7 以上	—

*開けた平らな地面から 10 m の高さにおける相当風速．

（ビューフォート風力階級表より抜粋）

付表1.5 天気の定義解説

	種類	定 義 解 説
大気水象	雨	水滴からなる降水．直径は多くは0.5 mm以上であるが，もっと小さいものがまばらに降ることもある．雨滴の直径と集中度は雨の強さや降り方によりかなり変化する． 雨滴は，普通霧雨の粒よりも大きい．しかし降雨域の端で降っている雨滴は，蒸発のために霧雨の粒と同程度の小粒になることがある．その場合には粒が分散して降るので，霧雨と区別できる．
	霧雨	きわめて多数の細かい水滴（直径0.5 mm未満）だけがかなり一様に降る降水．粒はほとんど浮遊しているように見え，そのために空気のわずかな動きにも従うのが見える． 霧雨はかなり連続した濃い層雲から降る．この層雲は普通は低く，ときには地面に達して霧となる．特に海岸沿いや山岳地帯では，霧雨による降水量は，1時間に1 mm以上になることは少ない．
	雪	空気中の水蒸気が昇華してできた氷の結晶の降水．雪の降りかた，大きさ，結晶は雪が成長，形成される過程での状況により，かなり変化する．雪の結晶には星状，角柱状，板状，それらの組み合わせや，不規則な形をしたものがある．気温が約-5℃より高いと結晶は一般に雪片化する．過冷却した水滴が凍結してできた微小な氷の粒を少し付けたものや，多少水分を含んだものもある．このような結晶が多数くっつき合って雪片をなして降ることが多いが，結晶が個々離れ離れの状態で降る単独結晶の雪もある．
	霧雪	ごく小さい白色で不透明な氷の粒の降水．粒はあられに似ているが，偏平な形をしているかまたは細長い形をしている．その直径は一般に1 mmより小さい． この粒は，硬い地面に当たってもはずまないし，こわれもしない．降る量は普通非常に少なく，層雲か霧から降る．しゅう雨性降水の形では降らない．気温が約-10℃～0℃の間のときに生じる霧雨に相当する．
	みぞれ	雨と雪とが混在して降る降水．

種類	定義解説
雪あられ	雪あられは白色で不透明な氷の粒の降水．粒は円錐状または球状である．直径は約5mmに達することがある．この粒は，硬い地面に当たるとはずんでよく割れることがある．砕けやすく，容易に潰れる． 雪あられは，中心の氷の粒が急速に凍った雲粒で覆われている．中心の氷晶と凍りついた雲粒との間に隙間があるので雪あられの密度は一般に小さく $0.8\,\mathrm{g\,cm^{-3}}$ 未満である． 雪あられの降水は，普通は地面近くの気温が $0\,{}^\circ\!\mathrm{C}$ に近いときに雪片とともにしゅう雨性降水として降る．
氷あられ	氷あられは半透明の氷の粒の降水．粒はほとんどいつも球状で，時に円錐状のとがりを持つ．直径は5mmを超えることがある． この粒は簡単には潰れず，硬い地面に当たると，音を立ててはずむ．氷あられは全体または部分的に，隙間が氷あるいは氷と水で満たされた単に薄い殻が凍結しただけのような雪あられでできている．このため氷あられは比較的密度が高く，$0.8\,\mathrm{g\,cm^{-3}}$ ないし例外的には $0.99\,\mathrm{g\,cm^{-3}}$ の間である． 氷あられは常にしゅう雨性降水で起こる．氷あられは雪あられとひょうの中間状態であり，その部分的になめらかな表面と高密度で雪あられと区別できる．また，その大きさの小さいことからひょうと区別される．
凍雨	凍雨は透明の氷の粒の降水．粒は球状または不規則な形でまれに円錐状である．直径は5mm未満である．凍雨は一般に高層雲か乱層雲から降る． この粒は，普通硬い地面に当たるとはずみ，音を立てる．また容易につぶれない．凍雨は部分的には液体であってもよい．凍雨の密度は氷の密度（$0.92\,\mathrm{g\,cm^{-3}}$）に近いか，あるいはそれ以上である．しゅう雨性降水としては降らない．
ひょう	氷の小粒または固まりの降水．直径5mmから50mmの範囲で，ときにはそれ以上のものもある．単独に降るか，またはいくつかがくっついて，不規則な固まりとなって降る．ひょうには透明な氷または透明な層（厚さ1mm以上）と半透明な層とが交互に重なってできているものや，透明または不透明な氷そのものもある． ひょうは一般に強い雷電に伴って降る．

種類の列外側には「大気水象」とある。

	種類	定 義 解 説
大気水象	霧	ごく小さな水滴が大気中に浮遊する現象．水平視程が1km未満の場合をいう． 十分に光が当たっているときには，一つ一つの霧粒が肉眼で見分けられることがあり，そのときには霧粒がいくぶん不規則に動いているように見える．霧の中の空気は通常湿めっぽく冷たく感ずる．霧の中の相対湿度は一般に100%に近い．全体としては白みがかっているが，工場地帯では煙と塵埃のため灰色または黄色みを帯びる． 霧と煙が混じったものをスモッグということもある．
	低い霧	目の高さの水平視程は1km未満であるが，天空がかすかに見えるくらいに霧が薄い場合は，低い霧という．
	氷霧	多数のごく小さな氷の結晶（直径約2～30μm）が大気中を浮遊する現象．水平視程を著しく減少させる． この結晶は陽が差していると輝いて見える．氷霧に細氷が混じると傘などを生じることがある． 一般に高緯度地方，山岳地方で気温-30℃以下の静穏な晴天のときに現れる．
	高い地ふぶき	積もった雪が地上高く吹き上げられる現象．目の高さの水平指定は一般に非常に悪い．吹き上げられた雪はときには全天を覆い，太陽さえも隠すほどになることがある．これらの雪は絶えず風によって激しくかき回される．
大気じん象	煙霧	肉眼では見えないごく小さい乾いた粒子が，大気中に浮遊している現象．数が多いために空気が乳白色に濁って見える． 遠距離の明るい物体や光源は，煙霧を通して見ると黄色みを帯びるか赤っぽい色に見え，一方暗い物体は青色がかって見える．これは主に煙霧の粒子による光の散乱効果である．これらの粒子はそれ自身の色を持つことがあり，その場合にはその色が景色を色づける． 煙霧の中の相対湿度は，75%未満のことが多い．
	ちり煙霧	風によって地面から吹き上げられたちりまたは小さな砂の粒子が，風じんがおさまった後まで，または風じんの発生場所から離れた場所に，浮遊している現象．明らかに風じんによると判断された場合に限り，ちり煙霧とする．風じんによることが明らかでない場合には煙霧とする．

付表

	種類	定　義　解　説
大気じん象	黄砂	主として大陸の黄土地帯で吹き上げられた多量の砂じんが空中に飛揚し，天空一面を覆い，徐々に降下する現象．はなはだしいときは天空が黄かっ色となり，太陽が著しく光輝を失い，雪面は色づき，地物の面には砂じんが積もったりすることもある．
	煙	燃焼により生じた小さな粒子が大気中に浮遊する現象．煙は地面近くに存在して視程を悪くすることがあり，また，上空に存在して天空を覆うこともある． 煙を通して見ると，太陽は日の出時や日の入時には，非常に赤く見え，日中は橙色がかって見える．都市またはその近くでは，煙は褐色，暗い灰色または黒色になる．近くの森林の火災から広がった煙は，太陽光線を散乱させるので，空は緑がかった黄色になる．非常に遠距離にある発生地から広がり一様に分布した煙は，一般に薄い灰色がかった色か，青みがかった色である．煙が多量に存在するときは，煙は臭いによって識別できることがある． 煙の発生源が明らかに判断される場合に限り煙とする．そうでない場合は，煙霧とする．
	降灰	火山の爆発によって火山灰が空中に吹き上げられ，それが徐々に地面に降下する現象．
	砂じんあらし	ちりまたは砂が，空中高く，強い風のために激しく吹き上げられる現象．砂じんあらしの前面は，幅の広い高い壁が急速に進んでくるように見えることがある．この壁の後ろには積乱雲を伴うことが多い．また，この壁は寒気の前面に雲を伴わないで発生することもある．目の高さの水平指定は非常に悪く1km未満になる．
大気電気象	雷	電光が見え，雷鳴が聞こえる急激な放電．雷電はしゅう雨性降水を伴う場合が多い．

（気象庁，2002）

付表 4.1　断面観測の項目別使用器具・用具の一覧

項目		器具・用具	説明（詳細は本文参照）
全般		◎ 手袋	綿の軍手はぬれると冷たいので，化学繊維製のほうがよい
		◎ 野帳・筆記具	
積雪断面の作成		◎ スコップ 測深棒 雪べら	アルミ製角形，雪が硬いときは鉄製を使う 雪崩埋没者捜索用ゾンデでもよい 本文図 4.2 参照　※
積雪深		◎ 雪尺（スケール）	最小目盛 1 cm 以下が望ましい．図 4.1，図 4.5 参照
気温		◎ 温度計	雪温測定と兼用でよい
雪温		◎ 温度計	分解能 0.1℃が望ましい
層構造・雪質・粒度		◎ 雪べら ブラシ インク 霧吹き ガスバーナー ◎ 粒度ゲージ ルーペ	図 4.2 参照　※ 小さなほうきでもよい 原液または粉末を水で 10 倍程度に薄めておく 図 4.6 参照 倍率 10 倍程度
密度		◎ 電子天秤 ◎ 密度サンプラー ◎ 雪べら	分解能 0.1 g．図 4.7c 参照 図 4.7 参照　※ 図 4.2 参照　※
含水率	秋田谷式	◎ 秋田谷式含水率計 ◎ 電子天秤 ◎ サンプラー ◎ ポリチューブ ◎ 容器 2 つ ◎ 湯	図 4.8 および本文 4.6.1 項を参照 分解能 0.1 g 積雪採取用の器具．円筒形が使いやすい．図 4.8 参照 測定回数分が必要 A 容器と B 容器の 2 つ 30〜40℃．魔法瓶などに入れて保温
	遠藤式	◎ 遠藤式含水率計 ◎ 電子天秤 サンプラー 容器 ◎ ペーパータオル ◎ 湯	図 4.9 および 4.6.2 項を参照 分解能 0.1 g 積雪採取用の器具 30〜40℃．魔法瓶などに入れて保温
	デノース式	◎ デノース式含水率計 ◎ ペーパータオル	図 4.10 および 4.6.3 項を参照　※
硬度	ラム硬度	ラム硬度計一式	図 4.11 参照
	木下式硬度	木下式硬度計一式 ◎ 物差し ◎ 雪べら	図 4.12 参照 図 4.2 参照　※
	プッシュゲージ硬度	◎ プッシュゲージ	デジタル式荷重測定器　図 4.13 参照
試料のサンプリング		◎ 試料採取器具 ◎ ポリエチレン製の袋 ◎ サンプルビン	洗浄したもの（洗浄方法は 5.2，5.3 節を参照） 新品 ポリプロピレン製，ポリエチレン製の清浄なもの

◎は必需品．※「積雪観測用具取扱店リスト」（P.127）を参照．

付表4.2 ラム硬度データシートと記入例（積雪深は35 cm）

ガイド棒質量 m(kg)	おもり質量 M(kg)	ゾンデ質量 Q(kg)	ゾンデ本数	* 落下高さ h(cm)	* 落下回数 n	* 沈下深さ X(cm)	* 沈下深さの差 ΔX(cm)	ラム硬度 R	ラム硬度×沈下量 $R \cdot \Delta X$	積雪深·上 (cm)	積雪深·下 (cm)
0	0	1	1	0	0	3	3	1.0	3.0	35	32
0.2	0	1	1	0	0	3	0	1.2	0.0	32	32
0.2	1	1	1	5	3	10	7	4.3	30.1	32	25
0.2	1	1	1	5	13	15	5	15.2	76.0	25	20
0.2	1	1	1	10	21	20	5	44.2	221.0	20	15
0.2	1	1	1	20	7	25	5	30.2	151.0	15	10
0.2	1	1	1	20	6	31	6	22.2	133.2	10	4
0.2	1	1	1	20	3	35	4	17.2	68.8	4	0

＊は野外で測定時に記録する項目．

積算ラム硬度：683.1（kg cm）
平均ラム硬度：19.5（kg）

積雪観測用具取扱店リスト

○角型密度スノーサンプラー・神室型スノーサンプラー他1式

（有）クライメットエンジニアリング

〒948-0103　新潟県十日町市小泉1834-23

TEL：025-752-5699，FAX：025-752-5657

E-mail：e-door@e-climate.co.jp

URL：http://www.e-climate.co.jp

○雪観察セット

（株）石田商店

〒064-0921　北海道札幌市中央区南21条西8丁目1-37

TEL：011-521-0767，FAX：011-521-2869

E-mail：info@kane-ishi.com

URL：http://www.kane-ishi.com

○角型密度スノーサンプラー他

（株）スズキ鈑金

〒993-0072　山形県長井市五十川1334

TEL：0238-88-2175，FAX：0238-88-9787

E-mail：hisax1334@deluxe.ocn.ne.jp

○誘電式含水率計

（株）ジオシステムズ

〒183-0012　東京都府中市押立町4-11-20

E-mail：yoichi@geosystems.jp（担当者：田中）

文　　献

油川英明，2005：雪結晶の観測．雪と氷の事典，東京，朝倉書店，687-691.

秋田谷英次，1978：熱量計による積雪含水率計の試作．低温科学，物理篇，**36**，103-111.

Akitaya, E., 1985：A calorimeter for measuring free water content of wet snow. *Annals of Glaciology*, **6**, 246-247.

秋田谷英次，山田知充，1991：積雪調査．雪氷調査法（日本雪氷学会北海道支部編），札幌，北海道大学図書刊行会，29-45.

American Avalanche Association, 2004：Snow, weather, and avalanches: Observation guidelines for avalanche programs in the United States. (http://www.americanavalancheassociation.org)

Atkins, R., 2005：An avalanche characterization checklist for backcountry travel decisions. Proceedings ISSW 2004, International Snow Science Workshop, Jackson Hole, Wyoming, USA, 19-24 September 2004. USDA Forest Service, Fort Collins, Co, 462-468.

Canadian Avalanche Association, 2007：Observation guidelines and recording standards for weather, snowpack and avalanches.

Denoth, A., 1994：An electronic device for long-term snow wetness recording. *Annals of Glaciology*, **19**, 104-106.

遠藤八十一，2000：雪崩の分類と発生機構．雪崩と吹雪，基礎雪氷学講座Ⅲ，東京，古今書院，13-51.

遠藤八十一，竹内由香里，山野井克己，村上茂樹，庭野昭二，2003：フルイを用いた積雪粒度ゲージ．2003年度日本雪氷学会全国大会講演予稿集，205.

Ferguson, S.A. and LaChapelle, E.R., 2003：The ABCs of avalanche safety. Seattle, The Mountaineers Books, 141 pp.

Föhn, P.M.B., 1987a：The "Rutschblock" as a practical tool for slope stability evaluation. Avalanche Formation, Movement and Effects. International Association of Hydrological Sciences, Pub. **162**, 223-228.

Föhn, P.M.B., 1987b：The stability index and various triggering mechanisms. Avalanche Formation, Movement and Effects. International Association of Hydrological Sciences, Pub. **162**, 195-211.

八久保晶弘，海原拓哉，伊藤陽一，1997：札幌の平地積雪断面測定資料—平成8年〜9年冬期—．低温科学，物理篇，資料集，**56**，1-8.

Harvey, S. and Nigg, P., 2009：Practical risk assessment and decision making in avalanche terrain — An overview of concepts and tools in Switzerland.

Proceedings ISSW 2009, International Snow Science Workshop, Davos, Switzerland, 27 September to 2 October 2009, Swiss Federal Institute for Forest, Snow and Landscape Research WSL, 654-658.

東晃, 樋口敬二, 板垣和彦, 1956：別別沼流域の積雪水量調査. 北海道大学地球物理学研究報告, **4**, 65-79.

北海道雪崩事故防止研究会, 2002：決定版雪崩学. 東京, 山と渓谷社, 349 pp.

五十嵐誠, 的場澄人, 2000：雪. 身近な気象, 気候調査の基礎, 東京, 古今書院, 95-109.

International Commission on Snow and Ice (ICSI), 1990：The International classification for seasonal snow on the ground. 23pp.

和泉薫, 1991：雪崩の調査. 雪氷調査法（日本雪氷学会北海道支部編）, 札幌, 北海道大学図書刊行会, 47-62.

Jamieson, J.B., 1995：Avalanche prediction for persistent snow slabs. Ph.D. Thesis, Dept. of Civil Engineering, University of Calgary, Canada.

Jamieson, J.B., 2007：Explanation and limitations of study plot stability indices for forecasting dry snow slab avalanches in surrounding terrain. *Cold Regions Science and Technology*, **50**, 23-34.

Jamieson, J.B. and Johnston, C.D., 1993：Shear frame stability parameters for large scale avalanche forecasting. *Annals of Glaciology*, **18**, 268-273.

Johnson, R.F. and Birkeland, K.W., 2002：Integrating shear quality into stability test results. Proceedings of the 2002 International Snow Science Workshop, Victoria (BC), 508-513.

金田安弘, 遠藤八十一, 2008：降雪深の観測値に与える影響因子についての考察. 寒地技術論文・報告集, **24**, 407-410.

河島克久, 遠藤徹, 竹内由香里, 1996：熱量方式による簡易積雪含水率計の試作. 防災科学技術研究所研究報告, **57**, 71-75.

Kawashima, K., Endo, T. and Takeuchi, Y., 1998：A portable calorimeter for measuring liquid-water content of wet snow. *Annals of Glaciology*, **26**, 103-106.

木村忠志, 1984：雪氷測器開発15年のあれこれ. 雪氷, **46**, 139-142.

木下誠一, 1960：積雪の硬度Ⅰ. 低温科学, 物理篇, **19**, 119-133.

木下誠一, 若浜五郎, 1959：アニリン固定法・積雪の薄片. 雪氷, **23**, 186-188.

気象庁, 1973：地上気象常用表. 東京, 気象庁, 144pp（解説16pp）.

気象庁, 2002：地上気象観測指針. 東京, 気象業務支援センター, 154pp.

近藤純正, 1994：水環境の気象学. 東京, 朝倉書店, 350pp.

Lesaffre, B., Pougatch, E. and Martin, E., 1998：Objective determination of snow-grain characteristics from images. *Annals of Glaciology*, **26**, 112-118.

前野紀一, 黒田登志雄, 1986：雪氷の構造と物性. 基礎雪氷学講座Ⅰ, 東京, 古今書院, 212pp.

Magono, C. and Lee, C.W., 1966：Meteorological classification of natural snow crystals. Journal of the Faculty of Science, Hokkaido University, Sapporo, Japan, Series VII, Geophysics, **11** (4), 321-335.

マックラング D., シアラー P., 2007：雪崩ハンドブック（特定非営利活動法人日本雪崩ネットワーク訳）．東京，東京新聞出版局，342pp.

McClung, D.M. and Schaerer, P.A., 2006：The avalanche handbook. Seattle, The Mountaineers, 342pp.

Munter, W., 1999：3x3 Lawinen. Entscheiden in kristischen Situationen. Verlag Pohl und Schellhammer, 220 pp.

Nakaya, U., 1954：Snow crystal, natural and artificial. Cambridge, Harvard University Press, 510pp.

成瀬廉二，2002：積雪調査．竹内均監修，地球環境調査計測事典，第1巻陸域編1，東京，フジテクノシステム，122-127．

根本征樹，小杉健二，阿部修，佐藤威，望月重人，2008：新庄における気象と降積雪の観測（2007/08冬期）．防災科学技術研究所研究資料，**326**，33pp.

日本雪氷学会，1998：日本雪氷学会積雪・雪崩分類．雪氷，**60**，419-436．

日本雪氷学会，1990：雪氷辞典．東京，古今書院，196pp.

日本雪氷学会，2005：雪と氷の事典．東京，朝倉書店，760pp.

日本雪氷学会北海道支部，1991：雪氷調査法．札幌，北海道大学出版会，244pp.

日本雪崩ネットワーク，2009：気象・積雪・雪崩の観察と記録のガイドライン2009．東京，日本雪崩ネットワーク．

新田隆三，1986：雪崩の世界から．東京，古今書院，228pp.

納口恭明，1998：模擬雪崩の相似について．気象研究ノート，**190**，103-112．

納口恭明，2001：ビーズを用いた積雪粒度ゲージ．防災科学技術研究報告，**62**，15-19．

Nohguchi, Y., 2003：Snow grain size gauge "Beadsnow 2000". *DATA of Glaciological Studies*, **94**, 126-127.

大沼匡之，1958：Snow Samplerの押込抵抗について 附53 Kamuro Type Snow Sampler．雪氷，**20**，65-70．

Ozeki, T., Kose, K., Haishi, T., Hashimoto, S., Nakatsubo, S. and Nishimura, K., 2003：Three-dimensional snow images by MR microscopy. *Magnetic Resonance Imaging*, **21**, 351-354.

Perla, R., 1977：Slab avalanche measurements. *Can. Geotech. J.*, **14**(2), 206-213.

Roch, A., 1966：Les variations de la resistance de la neige. Proceedings of the International Symposium on Scientific Aspects of Snow and Ice Avalanches, Gentbrugge, Belgium. International Association of Hydrological Sciences Publ., **69**, 86-99.

佐藤威，阿部修，小杉健二，納口恭明，2002：携帯式荷重測定器による積雪硬度の測定と木下式硬度計との比較．雪氷，**64**，87-95．

Schneebeli, M. and Johnson, J.B., 1998:A constant-speed penetrometer for high-resolution snow stratigraphy. *Annals of Glaciology*, **26**, 107-111.

Schweizer, J., 1999:Review of dry snow slab avalanche release. *Cold Regions Science and Technology*, **30**, 43-57.

Schweizer, J., 2002:The Rutschblock test — Procedure and application in Switzerland. *The Avalanche Review*, **20**(5):1, 14-15.

Schweizer, J., Kronholm, K., Jamieson, J.B. and Birkeland, K.W., 2008:Review of spatial variability of snowpack properties and its importance for avalanche formation. *Cold Regions Science and Technology*, **51**, 253-272.

Schweizer, J. and Wiesinger, T., 2000:Snow profile interpretation for stability evaluation. *Cold Regions Science and Technology*, **33**, 179-188.

雪氷化学分科会, 2003:雪氷化学分科会 2002 年「雪合宿」で行われた試料採取・化学分析方法のクロスチェック結果報告. 雪氷, **65**, 317-321.

清水弘, 1979:なだれ. 気象研究ノート, **136**, 63-123.

Sihvola, A.H. and Tiuri, M.E., 1986:Snow fork for field determination of the density and wetness profiles of a snow pack. IEEE Transactions on Geoscience and Remote Sensing, **24**, 717-721.

竹内由香里, 遠藤八十一, 山口悟, 河島克久, 村上茂樹, 平島寛行, 伊豫部勉, 宮崎伸夫, 納口恭明, 佐藤和秀, 2005:誘電方式と熱量方式による積雪含水率計の比較測定. 寒地技術論文・報告集, **21**, 220-224.

竹内由香里, 遠藤八十一, 庭野昭二, 村上茂樹, 2009:十日町における冬期の気象および雪質の調査資料 (7) (2004/05 年〜2008/09 年 5 冬期). 森林総合研究所研究報告, **8**, 227-277.

Takeuchi, Y., Nohguchi, Y., Kawashima, K. and Izumi, K., 1998:Measurement of snow hardness distribution. *Annals of Glaciology*, **26**, 27-30.

竹内由香里, 納口恭明, 河島克久, 和泉薫, 2001:デジタル式荷重測定器を利用した積雪の硬度測定. 雪氷, **63**, 441-449.

トレンパー B., 2004:雪崩リスクマネジメント (特定非営利活動法人日本雪崩ネットワーク訳). 東京, 山と渓谷社, 278pp.

UNESCO, 1981:Avalanche atlas — Illustrated international avalanche classification —. Switzerland, Courvoisier S. A., La Chaux-de-Fonds, 265pp.

UNESCO, 2009:The international classification for seasonal snow on the ground. *Technical documents in Hydrology*, **83**, 80pp.

牛山素行, 2000:身近な気象・気候調査の基礎. 東京, 古今書院, 195pp.

van Herwijnen, A. and Jamieson J.B., 2004:Fracture character in compression tests. Proceedings of the 2004 International Snow Science Workshop, Jackson Hole, Wyoming, USA.

van Herwijnen, A. and Jamieson J.B., 2005:High-speed photography of fractures in weak snowpack layers. *Cold Regions Science and Technology*, **43**,

71-82.

山口悟,2007:長岡における積雪観測資料(30)(2005.11〜2006.3).防災科学技術研究所研究資料,**302**,37pp.

横山宏太郎,大野宏之,小南靖弘,井上聡,川方俊和,2003:冬期における降水量の捕捉特性.雪氷,**65**,303-316.

吉田順五,1959:積雪含水率測定用熱量計.低温科学,物理篇,**18**,17-28.

索　　引

ア

秋田谷式含水率計　42
アスマン通風乾湿計　3
圧縮抵抗力　52
アニリン法　61
あられ（霰）　97
アルベド（反射率）　7
安定度　95
安定同位体比　55

板　97
溢水式RT-4　9

ウインドクラスト　105
運動形態による雪崩分類　108
雲量　12

エネルギー収支　7
MRI　61
LEDヘッドランプ　64
遠藤式含水率計　42,44

汚染　55
汚染物質　55
温湿度計　2
温水式RT-3　9
温度計　35
温度勾配　34

カ

化学分析　55
角型密度サンプラー　39
角柱　97
滑走区　106,110
下部破断面　108

神室型スノーサンプラー　72
乾いた（凍った）ざらめ雪　104
乾き密度　24,41
乾球温度　3
含水状態の定性測定　47
含水率　41
乾雪　41
乾雪雪崩　110
観測露場　1

気温　2
器差　35
気象測器　1
木下式硬度　51
木下式硬度計　49
凝結量　28

クラスト　101

形態学的国際雪崩分類　110
煙型雪崩　109,114

広域積雪調査（スノーサーベイ）　71
降水量　8
降積雪の観測　15
降雪深　18
降雪の密度　20
硬度　47
氷雪崩　108
氷の飽和蒸気圧表　118
氷の飽和水蒸気圧　4
国際雪崩分類　109
　　——の英文表記　111

国際分類　100
こしまり雪　101,103
こしもざらめ雪　101,104
固体降水　9
混合型雪崩　109
コンパクトデジタルカメラ　61

サ

サーミスタ温度計　3
ざらめ雪　37,101,104
　　乾いた（凍った）——　104
　　水を含んだ——　104
サンクラスト　105
三杯風速計　5
サンプラー　58
サンプルビン　56
散乱日射　7

シアーフレーム　92
シアーフレームテスト　84,92
湿球温度　3
湿雪　41
湿雪雪崩　110
湿度　2
しまり雪　37,101,103
霜　97
しもざらめ雪　37,101,104
弱層　108
弱層テスト　82
　　——の種類と特徴　84
重量含水率　25,42
16方位　4
上載積雪荷重　92
蒸発パン　28

蒸発量　28
上部破断面　108
助炭　9
ショベルコンプレッションテスト　84
試料採取　58
試料採取器具　56
試料採取容器　56
人工雪　102
新国際分類　100
新雪　37,97,101,103

水蒸気圧　3
スノーサーベイ（広域積雪調査）　71
スノーサンプラー　72
スノーフォーク　42
スプルングの式　4
すべり面　106,108
スラッシュ雪崩　108,115

積算日射量　7
積算ラム硬度　51
積雪　23
　　──の硬さの定性測定　53
　　──の硬度　47
　　──の密度　39
　　──の粒度　38
積雪安定性評価　79
積雪含水率計　42
積雪観測用具取扱店　127
積雪重量計　18
積雪試料採取　55
積雪深　15,72
積雪深計　15,20
積雪水量（積雪水当量，積雪全量）　16,72
　　──の測定手順　74-77
積雪断面観測　31
　　──の項目別使用器具・用具　125
積雪板（雪板）　18
積雪変質モデル　102
雪温　34

雪洞　64
雪面低下法　24
雪面低下量　25
全層雪崩　107,110
せん断強度　92
せん断強度指数　92
全天日射量　7
潜熱　23

層構造　36
相対湿度　3
測深棒　31,72
測風塔　5
側部破断面　108
ゾンデ棒　31,72

タ

ターゲットサンプリング　80
大気現象　12
大気光象　13
大気じん象　13,124
大気水象　12,121-123
大気電気象　13,124
体積含水率　42
堆積区　106,110

地上気象観測　1
地上気象観測指針　1
地上気象常用表　3
地表面粗度　5
超音波式積雪計　15,17
超音波洗浄器　56
超音波風向風速計　5
直達日射　7

通風乾湿計用湿度表　4,119
通風筒　3

定点観測　1
デグリーデー法　24
デジタル式荷重測定器（プッシュゲージ）　49

デノース式含水率計　42,45
デブリ　108,116
天気　12
　　──の記号　13
　　──の定義解説　121
電気式全天日射計　7
電気伝導度　55
転倒ます式雨量計　9,10
点発生湿雪表層雪崩　113
点発生雪崩　107,110

凍雨　97
トレチャコフ式降水量計　9,11

ナ

流れ型雪崩　109,114
雪崩跡　106
雪崩層（始動積雪）の乾湿　106
雪崩の発生パターン　80
雪崩発生の形　106
雪崩分類　106
　　運動形態による──　108
　　規模による──　112
　　日本の──　106
　　発生形態による──　106

二重柵基準降水量計　9,11
日射量　7
日本の雪崩分類　106

ぬれ密度　24,39,41

熱収支法　23
熱電対温度計　3

法面雪崩　108

ハ

白金測温抵抗体　3
発生区　106,110

発生形態による雪崩分類　106
針　97
反射率（アルベド）　7
ハンドテスト　83

pH　55
ひょう　97
氷河雪崩　108
表層雪崩　107,110
氷板　101
表面霜　101,105

風向　4
風車型風向風速計　5
風速　4
風程　4
風杯型風速計　5
風力階級表　7,120
不規則　97
プッシュゲージ（デジタル式荷重測定器）　49
ブラシ法　36
ブロック雪崩　108

平均ラム硬度　51
偏角　4

飽和水蒸気圧　3
　　氷の――　4
　　水の――　4
星・樹枝　97
補正値　35

捕捉率　9
保存容器　56

マ

水を含んだざらめ雪　104
密度　39
密度サンプラー　33,39
水の飽和蒸気圧表　117
水の飽和水蒸気圧　4
水みち　37

面発生乾雪表層雪崩　113
面発生全層雪崩　113
面発生雪崩　107,110
面発生表層雪崩　114

ヤ

野帳（フィールド・ノート）　34
屋根雪崩　108
矢羽根型風向計　5

融雪　23
融雪水流出法　23
融雪熱量　23
融雪パン　25
融雪パン法　25
融雪量　23
　　――の観測　23
雪穴　31
雪板（積雪板）　18
雪結晶の国際分類表　97
雪質　36

雪質分類　100
雪尺　15-17,25
雪泥流　108,115
　　――のデブリ　116
雪の結晶分類　97
雪の誘電定数　46
雪べら　20,26,33
雪粒子　61
　　――の観察　61
　　――の撮影　63

溶存化学成分　55

ラ

ライシメーター法　24
ラム硬度　49
ラム硬度データシートと記入例　126
ラムゾンデ　47

流域流出量法　24
粒度　36
粒度ゲージ　37,61

ルーペ　61
ルッチブロックテスト　84,88
　　――におけるリリースタイプ　91

レーザー式積雪計　15,17

あ と が き

　積雪は，さまざまな雪の結晶が地上に降り積もることから始まり，その後の気象変化により変質する興味深い物質である．人々が行き交う大都会の積雪，強風が吹き抜ける平原の積雪，また氷河や氷床の積雪と，その形態は多様である．その寿命は数時間という短いものから，季節性のもの，あるいは越年して氷化するものさえある．

　積雪を観ることによって，その場所の気象条件をうかがい知ることができる．積雪には，中に取り込まれた物質を他の物質と混合させることなく採取できるという利点がある．また，積雪を水資源として考えれば，豪雪地帯は高品質の豊かな水に恵まれているといえる．一方，斜面の積雪は雪崩を引き起こすことから，リスクを軽減させるためには，積雪そのものを理解しておく必要がある．

　本書は，このようなさまざまな側面をもつ積雪を観測しようとする人のために用意されたものである．観測しているうちに，白一色にしか見えなかった積雪に，さまざまな情報が含まれていることが読み取れるようになれば，編集に携わった者としてこの上ない喜びである．

　本書のために，執筆者，編集委員以外で写真を提供してくださった，秋田谷英次，安間荘，林智加子，姜逢清，小林俊一，町田誠，特定非営利活動法人日本雪崩ネットワークの諸氏に，この場を借りてお礼申し上げます．

　本書の出版計画は2008年に始まった．前半は当時の事業委員長・横山が編集委員長を務め，事業委員長の阿部への交代にともない，後半は阿部が編集委員長を務めたが，ご協力いただいた大勢の方々のおかげでここに無事刊行の運びとなった．心より感謝申し上げる次第である．

（積雪観測ガイドブック編集委員長　横山宏太郎・阿部　修）

積雪観測ガイドブック　　　　　　　　　　　定価はカバーに表示

2010年3月30日　初版第1刷
2010年9月10日　　　第2刷

　　　　　　　　　　編集者　（社）日本雪氷学会
　　　　　　　　　　発行者　朝　倉　邦　造
　　　　　　　　　　発行所　株式会社　朝倉書店
　　　　　　　　　　　　　　東京都新宿区新小川町6-29
　　　　　　　　　　　　　　郵便番号　162-8707
　　　　　　　　　　　　　　電　話　03(3260)0141
　　　　　　　　　　　　　　ＦＡＸ　03(3260)0180
〈検印省略〉　　　　　　　　http://www.asakura.co.jp

© 2010〈無断複写・転載を禁ず〉　　　新日本印刷・渡辺製本

ISBN 978-4-254-16123-6　C 3044　　　Printed in Japan

海洋研究開発機構 吉崎正憲・気象研 加藤輝之著
応用気象学シリーズ4
豪雨・豪雪の気象学
16704-7 C3344　　　A5判 196頁 本体4200円

日本に多くの被害をもたらす豪雨・豪雪は積乱雲によりもたらされる。本書は最新の数値モデルを駆使して、それらの複雑なメカニズムを解明する。〔内容〕乾燥・湿潤大気／降水過程／積乱雲／豪雨のメカニズム／豪雪のメカニズム／数値モデル

前東大 浅井冨雄・前気象庁 新田　尚・前北大 松野太郎著
基 礎 気 象 学
16114-4 C3044　　　A5判 208頁 本体3400円

ベストの標準的教科書。〔内容〕大気概観／放射／大気の熱力学／雲と降水の物理／大気の力学／大気境界層／中・小規模の現象／大規模な現象／大気の大循環／成層圏・中間圏の大気／気候とその変動／気象観測／天気予報／人間活動と気象、他

日本気象学会編
新 教 養 の 気 象 学
16113-7 C3044　　　B5判 152頁 本体3900円

定評ある旧版を、近来の気象学の進歩に基づき全面改訂。〔内容〕大気の運動のしくみ／地球をめぐる大気の流れ／天気変化の舞台裏／身近な大気の運動—局地気象／システムとして進化する天気予報／気候変化と地球環境問題

気象予報技術研究会編
前気象庁 新田　尚代表
気象予報士模擬試験問題
16120-5 C3044　　　A4判 176頁 本体2900円

毎年二度実施される気象予報士の試験と全く同じ形式で纏めたもの。気象に携わっている専門家が問題を作成し、解答を与え、重要なポイントについて解説する。受験者にとっては自ら採点し、直前に腕試しができる臨場感溢れる格好の問題集。

気象予報技術研究会編

気象予報士合格ハンドブック

16121-2 C3044　　　B5判 296頁 本体5800円

合格レベルに近いところで足踏みしている受験者を第一の読者層と捉え、本試験を全体的に見通せる位置にまで達することができるようにすることを目的とし、実際の試験に即した役立つような情報内容をを網羅することを念に掛けたものである。内容は、学科試験（予報業務に関する一般知識、気象業務に関する専門知識）の17科目、実技試験の3項目について解説する。特に、受験者の目線に立つことを徹底し、合格するためのノウハウを随所にちりばめ、何が重要なのかを指示、詳説する。

前気象庁 新田　尚・東大住　明正・前気象庁 伊藤朋之・前気象庁 野瀬純一編

気象ハンドブック（第3版）

16116-8 C3044　　　B5判 1032頁 本体38000円

現代気象問題を取り入れ、環境問題と絡めたよりモダンな気象関係の総合情報源・データブック。[気象学]地球／大気構造／大気放射過程／大気熱力学／大気大循環[気象現象]地球規模／総観規模／局地気象[気象技術]地表からの観測／宇宙からの気象観測[応用気象]農業生産／林業／水産／大気汚染／防災／病気[気象・気候情報]観測値情報／予測情報[現代気象問題]地球温暖化／オゾン層破壊／汚染物質長距離輸送／炭素循環／防災／宇宙からの地球観測／気候変動／経済[気象資料]

日本雪氷学会監修

雪 と 氷 の 事 典

16117-5 C3544　　　A5判 784頁 本体25000円

日本人の日常生活になじみ深い「雪」「氷」を科学・技術・生活・文化の多方面から解明し、あらゆる知見を集大成した本邦初の事典。身近な疑問に答え、ためになるコラムも多数掲載。〔内容〕雪氷圏／降雪／積雪／融雪／吹雪／雪崩／氷／氷河／極地氷床／海水／凍上・凍土／雪氷と地球環境変動／宇宙雪氷／雪氷災害と対策／雪氷と生活／雪氷リモートセンシング／雪氷観測／付録(雪氷研究年表／関連機関リスト／関連データ)／コラム(雪はなぜ白いか？／シャボン玉も凍る？他)

上記価格（税別）は 2010 年 8 月現在